每個孩子……都能學好鋼琴

（日）高橋雅江、常青藤爸爸　著

序

美育，是培養孩子感受美、欣賞美和創造美的能力的教育。「美育」的概念，是由德國著名美學家席勒提出來的，但是在中國，古已有之。中國古代儒家要求學生掌握六種基本才能，即「六藝」——禮、樂、射、禦、書、數，強調審美教育對於人格培養的作用。美育是教育的一部分，從某種意義上來講，甚至比學科教育更為重要。這也是我們會如此看重美育的原因之一。

美術和音樂是美育的重要內容，因此，繪畫與鋼琴更是成了美育中不可不談的話題，在兒童藝術學習中的佔比也相對較高。但是，我們發現，無論是從業的老師還是孩子家長，大多數人好像只看重孩子「術」的精進，比如畫得像不像，彈得好不好……甚至為了讓孩子能達到較高的技能等級，逼迫式地讓孩子學習、練習。人們只注重了「教」，而忽略了「育」。

《說文解字》中有：育，養子使作善也。它更強調的是給予孩子一種滋養，一種人格上的薰陶與影響。

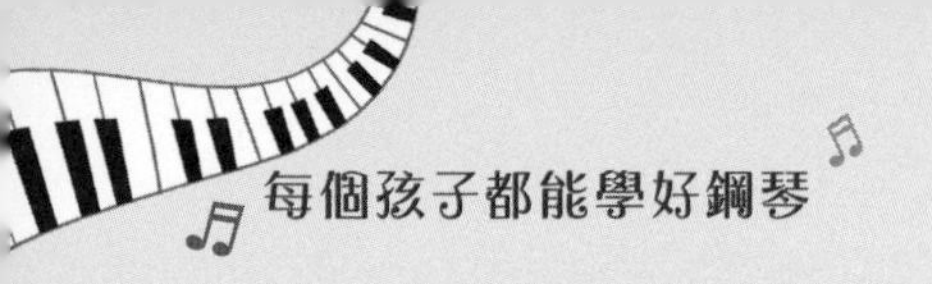

於是，好的老師，懂得教育的老師，成了一種稀缺的珍寶。不過，我們還是幸運的，在為孩子們尋找優質教育資源的路上，遇到了著名兒童美育專家蘇清華老師和知名鋼琴、小提琴教育家高橋雅江老師。她們不僅僅是傳授藝術技藝的老師，更是懂得孩子、懂得教育真諦的教育家。

蘇清華老師把繪畫教育和兒童的發展規律結合在一起，研發的課程和教學方法既能保護孩子的天性，又能讓他們天馬行空地表達自己。她認為，最好的教育就是讓人感覺不到「教」的痕迹，是一種「潤物細無聲」的影響，美術教育同樣如此。基於這樣的願景，她結合科學的教學理念、大量的教學經驗和獨特的教學方式，啓發孩子用繪畫來激發藝術想像、展示內心世界，幫助孩子學會感知美、欣賞美、創造美，成長為懂得享受藝術的人。

高橋雅江老師有一個心願，她很想成為《窗邊的小豆豆》裏的小林校長。她認為，每個孩子都是不同的，十個孩子就可能有十種思維方式，不要用一種標準來衡量所有的孩子。教育者就是要接受孩子們的思維，跟他們的思維和想法同步。難道都跟鋼琴大師彈得一樣就是最棒的？學鋼琴的目的就是要成為大師？用標準答案培養出來的孩子，永遠都是一個標準模件，不會有很好的想像力和創造性。老師要保護孩子的天性和個性，有這樣思維意識的老師，才是好老師。在這樣的前提下進行的音樂教育，才能帶給孩子安慰與滋養。

美育的作用是巨大的，沒有美育的教育是不完整的。幾千年前，孔子就提出「興於詩，立於禮，成於樂」。蔡元培先生曾大聲疾呼：「美育是最重要、最基礎的人生觀教育。」喬布斯也曾直言：蘋果公司與其他電腦公司最大的區別，在於追求科技的同時，始終保持對於藝術和美的追求。美育，已經成為這個時代的「剛需」。

我們很高興能將科學的美育理念通過出版物和課程介紹給所有家長。我和兩位老師在書中討論的問題，讓家長們不僅着眼於當下，也把眼光放諸將來；不只是讓孩子學會畫畫、學會彈琴，更是讓孩子學會享受藝術，懂得生活。希望這一套有關家庭美育的問答書能夠為父母們解開心中的疑慮，能讓父母們陪着孩子一起「藝術」地成長。

前言

我幼年在日本生活、學琴，青年到美國、中國深造，繼而留在中國教琴，可以說，鋼琴填滿了我的生活。我為甚麼會成為一名鋼琴老師？現在回想起來，我很感謝我的老師。因為一次鋼琴比賽的經歷，我的老師鼓勵我成為一名鋼琴老師。他說：「成為一名好的鋼琴老師是件很不容易的事情，也是一件很有意義的事情，你需要更努力、更堅定地走下去。」這一走就走到了現在。

不知不覺，我來到中國已經快 30 年了，經常會有人問我這樣一個問題：為甚麼會留在中國這麼久呢？原因很簡單：中國的孩子是全世界最勤奮、最努力的孩子，中國的家長也是最配合老師的家長。但是，像世界上大多數的孩子一樣，不是每一個孩子都能得到因材而施教的教授，也不是每一個孩子都能在學習中施展更多的個性。

於是我有了一個心願——我想要像《窗邊的小豆豆》裏的小林校長那樣，幫助更多孩子找到自己的特質並且喜歡自己的特質，再加上音樂的加持，讓他們可以成為更幸福的人。

音樂，是人生的快樂之源；音樂，是生活中的一股清泉；音樂，更是孩子素質教育中不可或缺的一部分。愈是發達的國家，音樂在國民教育中的深入程度就愈高。很多家長都希望自己的孩子在音樂方面能有一技之長，希望他們能夠在音樂中培養氣質、陶冶情操，卻常常不知道該如何幫助孩子。因為我工作性質的緣故，我有了更多的機會接觸、了解許許多多的琴童和琴童家長，我也有幸陪伴着學鋼琴的兒童們感受學琴過程中的酸甜苦辣，並在這一過程中為家長們答疑解惑。但是中國的琴童和家長的數量遠不止我能接觸到的這些，於是我萌生了一個念頭——把我多年的教學經驗總結成書和大家分享。

很高興和常爸有這樣一次合作，能將我的一些教育心得分享給有困惑的家長、孩子們。學會彈鋼琴不僅是讓孩子掌握一項技能，更重要的是讓孩子在學琴過程中培養性格、磨煉意志、懂得生活。這本書主要是給家長、學鋼琴的兒童以及年輕的鋼琴教師提供一些實際、實用且科學正規的方法，幫助家長建立正確的教育觀念，讓孩子在學琴的過程中少走彎路。

家長在鋼琴教育中應該扮演甚麼角色？孩子在學琴的過程中會碰到哪些困難？如何攻克這些困難？孩子如何堅定而愉悦地走下

去？……希望這本書不僅能夠為父母們解開心中的疑慮，更能讓父母們陪着孩子一起快樂地成長，自由自在地享受音樂的美好。希望每個孩子都能學會用音樂去表達自己，讓音樂陪伴一生，在音樂裏遇到不一樣的世界和自己。

感謝那些曾與我有過師徒緣分的孩子們，有你們才會有這本書的存在；感謝多年來一直支持我的家長們，是你們用信任支撐着我；感謝常爸、姚蘭，感謝出版社的朋友們為此書所做出的努力。

目錄

序 03

前言 06

Part 1

0~3歲　推開音樂的大門

第一章　談談音樂啟蒙那些事

音樂素養啟蒙是甚麼？怎樣做？ 16

音樂素養啟蒙應該從甚麼時候開始？ 20

音樂素養啟蒙是必須做的嗎？ 23

本章小結 28

Part 2

3~4歲　埋下音樂的種子

第二章　學琴前須知的二三事

為甚麼要讓孩子學鋼琴？ 32

學鋼琴有哪些好處？ 33

怎樣的孩子適合學鋼琴？ 35

如何判斷孩子的音樂潛質？ 35

本章小結 39

4~5歲　你好！我的鋼琴朋友

第三章　初次見面，我的鋼琴朋友

幾歲開始學鋼琴比較好？　42

可以在學鋼琴之前先學電子琴嗎？　45

該怎樣給孩子選琴？　46

本章小結　49

第四章　陪我一起玩音樂的大朋友

何如給孩子選鋼琴老師？　52

大班教學與小班教學，怎樣選擇？　55

鋼琴老師上門授課，真的好嗎？　56

琴童家長應該怎樣與鋼琴老師相處？　57

本章小結　59

第五章　開始上課了！

學鋼琴初期，最重要的是甚麼？　62

怎樣練琴才最高效？　65

鋼琴課可以隨便取消嗎？練琴不得不中斷怎麼辦？　68

本章小結　71

5~7歲　跳躍的黑白鍵

第六章　初學鋼琴，做好這些最重要

彈鋼琴的正確手形到底是怎樣？ 74
如何給孩子選擇合適的鋼琴教材？ 78
剛學琴的孩子需要學五線譜嗎？ 79
怎樣識譜最輕鬆？ 80
要學視唱練耳嗎？甚麼時候學？具體學甚麼？ 85
怎樣正確使用踏板？ 86
本章小結 91

第七章　讓孩子與鋼琴更合拍

怎樣讓孩子更好地把握音樂的節奏？ 94
如何正確使用節拍器？ 97
為甚麼要背奏？甚麼時候開始背奏？ 99
本章小結 101

第八章　陪練這件苦差事

需要陪學陪練嗎？ 104
如何培養孩子練琴的獨立性？ 107
本章小結 109

Part 5

7~9歲　讓痛苦成為熱愛

第九章　堅持是成功路上的不二法門

孩子學琴遇到瓶頸期，學琴熱度降低，怎麼辦？　112

孩子想要放棄時，家長應該逼孩子堅持下去嗎？　117

度過瓶頸期有哪些小竅門？　121

想要在演奏路上更進一步，甚麼最重要？　122

學鋼琴和學業發生衝突時，應該怎麼辦？　126

本章小結　128

第十章　打怪練級那些事

如何正確對待考級這件事？　132

不同國家的考級有甚麼不同？　135

本章小結　139

第十一章　外面的世界很精彩

參加比賽的好處有哪些？如何選擇好的國際比賽？　142

參加比賽前，需要注意哪些事情？　145

如何培養孩子的表演能力？　152

孩子比賽失利怎麼辦？　154

本章小結　155

9~12歲　讓音樂「住」進生命

第十二章　來享受音樂吧！

怎樣選擇適合孩子聽的音樂會？ 158

帶孩子聽音樂會，應該注意哪些禮節？ 160

怎樣更好地陪孩子欣賞音樂作品？ 164

本章小結 169

第十三章　漫步鋼琴人生路

怎樣學習自彈自唱、即興伴奏？ 172

學琴達到一定的程度，如何更好地與鋼琴相處？ 175

想讓孩子走音樂專業道路，應該怎樣選擇學校？ 177

孩子當不了鋼琴家，學琴就是浪費嗎？ 179

鋼琴教學的獨家心得有哪些？ 182

本章小結 186

附錄 1　各年齡段的鋼琴學習重點和所要達到的程度 188

附錄 2　適合孩子欣賞的音樂作品 191

附錄 3　適合孩子欣賞的音樂類劇作 193

附錄 4　鋼琴調律及保養須知 194

Part 1
0~3歲 推開音樂的大門

談談音樂啟蒙那些事

音樂素養啟蒙的概念不是說必須讓 0~3 歲的孩子上手樂器彈曲子、擺手形，而是家長用多種方式讓孩子接觸音樂。

◆音樂素養啟蒙是甚麼？怎樣做？

常爸：啟蒙，顧名思義是開啟蒙昧，詞典上的解釋是「使初學的人得到基本的、入門的知識」。高橋老師，你是音樂方面非常優秀的教育家，你能跟我們談談音樂啟蒙方面的事情嗎？甚麼是音樂素養啟蒙呢？

高橋雅江：音樂素養啟蒙的概念不是說必須讓 0~3 歲的孩子上手樂器彈曲子、擺手形，而是家長用多種方式讓孩子接觸音樂。

早期的啟蒙可以很簡單。可以唱，讓孩子像牙牙學語一樣模仿音高；可以聽，讓孩子欣賞音樂；可以看，讓孩子看一些與音樂有關的卡通片、童話劇、音樂劇；還可以畫，放一段音樂，給孩子很多彩色筆，讓孩子隨着音樂自然而然地畫畫。音樂素養啟蒙就是要讓孩子的動覺、聽覺、觸覺參與其中，這樣孩子才能更加形像地感知音樂的特性。

音樂素養啟蒙就是讓孩子從完全感性的音樂感受，逐漸向有模樣、有框架的方向過渡。比如孩子到了 3 歲後，聽到某個樂曲，他會説：「這個音樂特別好聽，我從小就聽。」那你就可以告訴他，這是圓舞曲，它是三拍子的，每小節第一拍是重音，它起源於舞蹈，由於這種舞蹈需由兩人成對旋轉，因此這種音樂被稱為圓舞曲。這比他沒聽過就直接告訴他甚麼是圓舞曲更好理解。

常爸：那家長在生活當中還可以給孩子做哪些音樂素養啟蒙呢？具體應該怎樣做呢？

高橋雅江：家長在家裏可以給孩子做一些音樂素養啟蒙。

第一，和孩子一起張嘴唱。哪怕唱得不對也沒關係，孩子們更在意的是音樂所帶來的快樂、熱情，還有節奏感。音樂能幫助他們更流暢地練習發音和學習詞語。像莫扎特的歌劇《魔笛》裏的選段《夜後咏嘆調》，我家兩個女兒特別喜歡聽。我對她們説：「這裏面的花腔唱法是最厲害的，這是全世界最難的一首曲子。」結果我愈説難，她們就愈感興趣，洗澡的時候她們兩個人就邊聽邊跟着一起唱。孩子唱得是否標準、是否守規矩並不重要，重要的是他們在唱的過程中感受音樂中的快樂或者悲傷，從而獲得樂趣。家長要鼓勵和幫助孩子接觸更多的音樂類型。

第二，和孩子一起動起來。放一段音樂，陪孩子跳舞。跳舞能讓孩子更關注音樂，通過音樂與舞蹈動作的結合，孩子能充分調動全身感官，從而對節奏感、動作協調性起到訓練作用。這就像達爾克羅茲的體態律動教學法，它喚起音樂聽覺和身體動覺的一種聯繫。你聽到甚麼的音樂，就做甚麼動作，而身體做的動作，也反映了音樂的元素。比如你做的動作非常強硬有力，在音樂中是可以找到同樣的節奏與力度的，這就是「用音樂帶動身體，用身體展現音樂」。

第三，陪孩子探索聲音。孩子天生就有好奇心，他們很喜歡探索各種聲音，不論是真正的樂器聲，還是來自大自然的聲音，甚至是日常物品發出的聲音，他們都喜歡。接收外界的各種聲音對孩子聽覺等方面的發展也大有裨益。

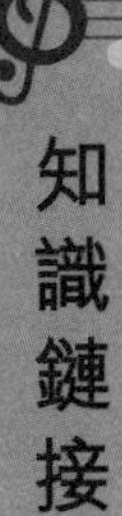

達爾克羅茲教學法是由著名的瑞士作曲家、音樂教育家埃米爾·雅克·達爾克羅茲通過實驗建立的一套音樂教育體系。其主要內容是體態律動、視唱練耳和即興音樂活動。體態律動教學法是其中最有成效的一個部分，已發展成為一門獨立學科，與視唱練耳並重。

常爸：很多家長意識到應該多給孩子聽音樂，這也是音樂素養啟蒙的一種方式，但是給孩子聽甚麼、怎樣聽，家長們常常無從下手。你有哪些建議呢？

高橋雅江：聽音樂是音樂素養啟蒙的重要部分，所以孩子一出生，甚至當他們還在媽媽肚子裏的時候，就應該讓他們沐浴在音樂中。有幾個給孩子聽音樂的「技巧」，我可以分享給大家。

第一，甚麼時間聽？

很多家長喜歡在孩子睡覺之前給他們聽音樂，這是個很好的習慣。為了哄睡、催眠而放的音樂，曲調要舒緩，曲目不要頻繁更換，比如這個星期就聽貝多芬的《圓舞曲》，下星期再給他聽舒伯特的《搖籃曲》。這樣可以最大效率地提高孩子的聽覺記憶力，而且熟悉的旋律也有利於孩子儘快入眠。

還可以在特定時間段放特定的曲子讓寶寶形成一定的生活規律，例如早晨醒時放葛利格的《晨曲》，晚上睡覺時放蕭邦的《夜曲》。

第二，聽多長時間？

應該每天在固定的時間聽，每次以半個小時為宜。不要以為聽音樂的時間愈長愈好，不間斷的刺激，就失去了刺激的意義。

第三，聽甚麼？

有的家長可能會認為只有聽古典音樂才是高雅的，對孩子有益的。其實，不只是古典音樂，只要是悅耳的音樂都可以給孩子聽。同時，我還特別鼓勵家長自己給寶寶唱歌。不要擔心自己唱得不好，你的寶寶不會挑剔你的歌唱技巧，反而會積極地與你互動。唱歌的時機也不要局限於睡前，和寶寶玩的時候也可以唱歌。

其實，與被動地聽音樂相比，我更傾向於和孩子一起唱，一起玩遊戲。

有一套美國的書叫 Wee Sing，它配有 CD，裏面有很多歌，有伴唱、有伴奏。家長可以跟着它和孩子唱歌、玩遊戲。家長也可以跟孩子一起唱傳統的兒歌，不管是中國的還是外國的，和孩子一起唱歌本身就是一種遊戲。孩子需要跟音樂建立聯繫，而不是只把音樂當成背景，被動地聽。家長在給孩子聽音樂的時候要注重和孩子的互動，學會引導孩子，讓孩子在音樂的環境中快樂成長。

◆音樂素養啟蒙應該從甚麼時候開始？

常爸：在兒童心理發展過程中的某個時期，相對於其他時期更容易學習某種知識和行為，這個時期通常被稱為「敏感期」，比如有語言敏感期、數學敏感期等。那你認為音樂素養啟蒙有沒有敏感期呢？

高橋雅江：我認為是有的。其實就跟語言敏感期一樣，音樂素養啟蒙也有敏感期。比如，一個孩子在 1 歲到 1 歲半的時候，你不讓他説話，對他以後的語言能力發展可能就會有影響，音樂也是一樣的。0~3 歲是嬰幼兒快速發育的重要時期，不管在語言、認知、動作還是音樂能力等方面，孩子都會有很快的發展。

在日本，懷孕的准媽媽會到音樂教室進行音樂胎教。等寶寶出生以後，媽媽會抱着自己的寶寶到鋼琴教室，把寶寶放在嬰兒籃裏，然後媽媽彈琴、上課，這樣孩子從小就在音樂的環境裏成長。其實，她們也不是要把孩子培養成鋼琴家、音樂家，她們就是想要給孩子音樂的熏陶。

常爸：人的生活離不開音樂，音樂不僅陶冶人的情操，而且能夠給人帶來精神享受，對於幼兒的生長發育也是至關重要的。音樂素養啟蒙能培養和提高幼兒的音樂能力、增強幼兒的審美能力，是幼兒得以和諧發展、健康成長的一種重要手段。

高橋雅江：是的。美國著名的音樂教育學家、音樂心理學家埃德溫·戈登認為，0~3 歲嬰幼兒的音樂能力基本遵循這樣的發展規律：

胎兒、新生兒：新生兒出生不到 2 個月就能發出「咿咿咿」、「啊啊啊」等聲音，這個行為將持續幾個月。在這個過程中，他們會發出不同的聲音及音節，漸漸地，他們聽到並意識到這些聲音是由自己發出，同時也逐漸學會依據父母及身邊人發出聲音的大小、高低來判斷説話者的情緒和所説的內容。

1~2 歲：這個時候的嬰兒喜歡傾聽並有很強的聽覺敏感度及辨別能力，對節奏的感知力也較強。1 歲半左右的幼兒會與音樂產生互動並做出明顯的反應；2 歲時，孩子的語言發展及身體肌肉的控制能力增強，能模仿哼唱一些歌曲段落，並跟隨音樂做出左右搖擺、蹦跳等動作。

3 歲左右：這個時候，孩子對於音高關係和歌曲旋律的感知力增強，能夠根據歌曲速度的變化而控制肢體隨歌曲律動。

我的孩子 0~3 歲期間，我除了天天給她們放音樂，還給她們放兒歌、唱童謠。她們聽的時候，根據不同的情節，表情和動作都會有反應，那就是聽懂了的意思。所以在 3 歲之前這個敏感期，最好讓孩子多接觸音樂。我所謂的接觸音樂不是説只單純接觸古典音樂，抒情音樂也可以，好聽的流行音樂也很好。

但要注意音量，不要太過大聲，讓孩子在合適的音量環境裏成長，他的情緒、情感都會相對穩定。

知識鏈接

埃德溫·戈登，當代傑出的音樂教育和音樂心理學專家，對音樂教育做出了卓越的貢獻，主要的研究包括音樂能力傾向、聽想、音樂學習理論以及嬰幼兒音樂發展等領域。

◆音樂素養啟蒙是必須做的嗎？

常爸:你認為孩子在學樂器之前進行音樂素養啟蒙是必須的嗎？如果之前沒有進行過這樣的啟蒙，會不會對孩子學習樂器有影響？

高橋雅江：影響是會有一點，但不是絕對的。比如，音樂素養啟蒙對於音準、耳感都很有益處。學樂器時，經過專業啟蒙的孩子肯定比不啟蒙的孩子學習效果好一點，但也不是那麼絕對。對於那些沒有接受過啟蒙的孩子，家長也不用焦慮，可以在學習某一種樂器的同時，進行一些音樂啟蒙，喚起孩子對音樂的興趣。

常爸：說到這個問題，我發現現在學樂器的孩子愈來愈多，我身邊就有很多孩子在學鋼琴、小提琴、結他、古箏，或者爵士鼓，但並不是每個孩子都能堅持下去。這是為甚麼呢？

高橋雅江：堅持不下去的原因有很多，但有一部分原因可能是孩子在學習樂器之前，沒有進行音樂素養啟蒙，沒有對音樂產生真正的興趣，從而也難以形成真正的熱愛。

我們現在提倡的音樂素養啟蒙其實就是學習音樂的前期積累。

孩子在正式學習樂器前，要獲得大量的音樂感性經驗，讓他對音樂與音樂元素有基本的感受和體驗，喚起他對音樂的興趣。這種經驗的獲得有多種途徑，比如聽覺、動覺、視覺等。音樂、樂器對沒有進行過音樂素養啟蒙的孩子來説是很陌生的東西，沒有熟悉、認知的過程，怎能期待孩子一下子就熱愛，並且相伴終生呢？

常爸：原來如此，但是很多家長會覺得，他的孩子並不準備走音樂專業路線，那是不是就可以不去關注音樂素養啟蒙了呢？對於不準備學樂器的孩子，你認為音樂素養啟蒙有必要嗎？

高橋雅江：我認為是有必要的。很多人以為，音樂素養啟蒙就是單純提升孩子的音樂素養。其實，好處不止於音樂方面。0~3 歲這一階段的音樂素養啟蒙，對於孩子的整體發育、情緒管理，都是有好處的。

有科學研究指出，大部分音樂家的左腦顳葉平面的面積比普通人的大，它與人的語言機能有着密切的關係。

音樂還有助於提高孩子的協調能力和專注力。我們經常看到寶寶在聽到音樂後會情不自禁地跟着晃動起來。不管是跟隨音樂拍手還是跳舞，只要是跟隨音樂做身體律動，都可以鍛煉寶寶的肢體協調能力，同時也能提升其專注力。

在嬰幼兒時期，音樂還可幫助孩子宣泄情感。尤其是輕快的音樂容易讓孩子產生正面的情緒，舒緩的音樂則可以安撫寶寶。在寶寶睡前播放一些輕柔的音樂，往往有助於寶寶睡眠。

常爸：我們也看到過這樣的報道，愛因斯坦 6 歲開始學琴，他喜歡並且擅長演奏小提琴。有一次，有人問晚年的愛因斯坦：「你認為死亡意味着甚麼？」愛因斯坦回答說：「就是再也聽不到莫扎特的音樂了。」音樂其實無處不在，對我們每個人的影響也是潛移默化的。無論是東方還是西方，流行音樂還是古典音樂，在大街小巷、市井人家，人們都可以接觸到音樂。正因為有音樂的存在，我們才能感受到生命的鮮活、生活的多彩。

高橋雅江：是的。說到東西方的音樂，我也想多聊幾句。由於東西方存在着文化上的差異，因此，東西方在音樂方面的差異也是很大的。東方音樂，包括中國音樂最大的特點是音色大都是明亮的，而且單旋律比較多；而西方對和聲的感覺卻是特別注重。聲部起源於意大利的教堂音樂格里高利聖咏，從那時候開始，作曲家就已經把主旋律跟和聲結合在一起了。但是，無論在東方還是在西方，我認為音樂從古至今都是人們生活的一部分。

常爸：音樂，是生活中的色彩，可以表現生活的很多層面，可以把人們帶入另一個世界，它是多彩的、抒情的，沒有國界的，傳達了人類所能感受到的所有感覺。

高橋雅江：沒錯。比如卡通片，孩子們都很愛看，但如果裏面沒有音樂，就貓和老鼠在那兒跑來跑去，大家就會覺得沒意思了。把音樂一配進去，跟畫面結合起來，就顯得特別生動。

再比如，意大利有個很著名的舞蹈叫作塔蘭泰拉舞，塔蘭泰拉舞曲的節奏特別歡快，大家都覺得非常好聽，實際上它源於生活。傳説，在意大利有一種毒蜘蛛叫塔蘭泰拉，毒性非常強，當地很多人被咬後就會中毒而亡。人們認為，要解這種毒，音樂和舞蹈是唯一有效的方法。據説，在 17 世紀的意大利阿普利亞，為了治療這些病人，樂師通常會隨叫隨到。這些病人一般要跳舞四到六天，極個別的要跳兩星期甚至一年。這樣一連數日，病人跳得精疲力竭了，毒也就暫時被壓制住了。但是，每年夏天最熱的時候，病人體內的毒素還會發作，於是年年夏天都要照此法治療，後來漸漸演變出了一種舞蹈——塔蘭泰拉舞。當然，這只是一個傳説。但是，由此可以看出音樂跟生活是緊密相連的。

因此，無論以後孩子是否要專業學習音樂，音樂素養啟蒙或者簡化的音樂啟蒙，都是應該做的。

常爸：關於音樂素養啟蒙，我們還採訪過中央音樂學院音樂教育碩士、音樂素養課程學科帶頭人王灼老師，他也講述了很多關於幼兒音樂啟蒙的問題。有興趣的家長可以關注「常青藤爸爸」公眾號，輸入標題「孩子學琴很痛苦？你可能少了這一步！」，搜索相關文章來看看。

本章小結

- 音樂素養啟蒙就是要讓孩子的動覺、聽覺、觸覺參與其中，這樣孩子才能更加形象地感知音樂的特性。
- 家長在家裏可以給孩子做一些音樂素養啟蒙。第一，和孩子一起張嘴唱。第二，和孩子一起動起來。第三，陪孩子探索聲音。
- 不要以為聽音樂的時間愈長愈好，不間斷的刺激，就失去了刺激的意義。
- 家長在給孩子聽音樂的時候要注重和孩子的互動，學會引導孩子，讓孩子在音樂的環境中快樂成長。
- 在3歲之前這個敏感期，最好讓孩子多接觸音樂。我所謂的接觸音樂不是說只單純接觸古典音樂，抒情音樂也可以，好聽的流行音樂也很好。
- 讓孩子在合適的音量環境裏成長，他的情緒、情感都會相對穩定。

- 對於那些沒有接受過啟蒙的孩子，家長也不用焦慮，可以在學習某一種樂器的同時，進行一些音樂啟蒙，喚起孩子對音樂的興趣。
- 0~3歲這一階段的音樂素養啟蒙，對於孩子的整體發育、情緒管理，都是有好處的。音樂與人的語言機能有着密切的關係；音樂還有助於提高孩子的協調能力和專注力；在嬰幼兒時期，音樂還可幫助孩子宣泄情感。
- 東方音樂，包括中國音樂最大的特點是音色大都是明亮的，而且單旋律比較多；而西方對和聲的感覺卻是特別注重。

Part 2
3~4歲 埋下音樂的種子

學琴前須知的二三事

無論讓孩子學樂器的最初目的是甚麼——素質培養也好，為了特長升學也罷，甚至只是因為別人都學我也要學的心理，我希望孩子最終可以通過音樂獲得快樂，這是最重要的。

◆為甚麼要讓孩子學鋼琴？

常爸：現在關注孩子學習音樂、學習樂器的家長愈來愈多了。其實，這個現像跟整個社會的經濟狀況是密不可分的，愈發達的地區學琴的兒童就愈多。在當下的社會中，一旦人們基本的生活需求被滿足，就會去追求更高層次的目標。有些家長就很困惑，別人的孩子都學樂器，那我的孩子到底要不要學呢？

高橋雅江：無論讓孩子學樂器的最初目的是甚麼——素質培養也好，為了特長升學也罷，甚至只是因為別人都學我也要學的心理，我都希望孩子最終可以通過音樂獲得快樂，這是最重要的。

常爸：那孩子應該先學甚麼樂器呢？鋼琴被稱為「樂器之王」，有一種説法是學任何樂器之前最好先學鋼琴，或者學其他樂器的同時，也要學鋼琴，這是為甚麼呢？

高橋雅江：鋼琴是西洋樂器裏最有意思的，它的音域寬廣、音量洪大、音色優美、音律準確、轉調方便、彈奏靈敏自如、樂音體系豐富。其優良全面的性能和廣泛的用途是其他任何樂器無法與之相比的。鋼琴的每個鍵都對應着固定音高，彈下去不會跑調、走音，彈奏的每個音也都是固定的。而很多樂器，比如小提琴的音準是需要靠演奏者自己把握，演奏者的手指在弦上前後挪動位置，音高會發生變化，出來的音就容易不準。孩子通過鋼琴的訓練可以建立起對固定音高的感受，鍛煉耳朵聽音辨調的能力，之後再演奏任何樂器，如小提琴、結他等，覺得音不準時，自己都會調整。所以，如果學鋼琴以外的樂器，如管、弦樂器，或者學習聲樂、指揮等，都需要同時學鋼琴。

◆學鋼琴有哪些好處？

常爸：既然鋼琴的地位這麼重要，那學習鋼琴到底能給孩子帶來哪些好處呢？請你給我們具體講一講。

高橋雅江：學鋼琴的好處還是很多的。

第一，通過調動手眼及大腦的配合，發展各部分能力。

鋼琴有很多和聲需要用兩隻手去彈，10隻手指能同時按出8個或10個音，音色、層次、聲部非常豐富。因此，彈鋼琴可以鍛煉腦、眼、耳、手、腳全方位的配合，從而促進左右腦共同發育。孩子的

記憶力、理解能力、想像力和創造性思維能力等方面都會得到發展。

第二，陶冶情操，緩解生活壓力。

彈鋼琴可以使人心胸豁達，精神生活充實。它會讓人慢慢變得更加有氣質、有涵養。同時它還能調劑緊張的學習、工作，緩解生活中的壓力。

第三，培養審美能力。

孩子學習鋼琴需要接觸和彈奏大量優秀的鋼琴作品，通過長期的訓練和學習，孩子不僅情感豐富、性格開朗，而且音樂鑑賞力也會提高。在大量西方古典文化的熏陶下，孩子不僅提升了音樂涵養，還建立了藝術方面的審美能力。

第四，鍛煉孩子的耐力。

作為一門學科，學鋼琴的好處是能讓孩子學會合理安排時間。練琴需要規律的時間、科學的方法和恆久的耐力與勇氣。彈鋼琴能鍛煉孩子的全腦思維，培養孩子永不放棄的精神，讓他未來的人生更加豐盛、有趣。

第五，獲得一技之長。

學鋼琴能讓孩子擁有一技之長，這對孩子的一生都將產生重要的影響。孩子在學習基礎文化課程的同時，多掌握一門手藝，未來也會有更多可能性。

常爸：是的，我有一個朋友，小時候學過 7 年手風琴，讀中學後就不學了，大學讀的專業也跟音樂沒有關係。現在，她是一家線上音樂教育公司的營運總監。她自己説，小時候學琴的經歷對她現在的工作很有幫助。

◆怎樣的孩子適合學鋼琴？

常爸：你覺得怎樣的孩子適合學鋼琴？有甚麼硬性條件嗎？

高橋雅江：很多書中會提到説要看孩子的手指結構、智商、樂感、天賦等很多條件，但是，我從來不覺得學鋼琴需要甚麼硬性條件。我認為只要是手指健全、身心健康、熱愛音樂的人，都可以學鋼琴。

難道手指短的孩子就不能學鋼琴了？難道只有那種超級聰明的孩子、音樂天才才能學鋼琴？我覺得不是。學任何東西，都在於是否有心。只要有心，我認為都是可以的，只不過是興趣學習或者專業學習的區別而已。

◆如何判斷孩子的音樂潛質？

常爸：可是，在決定讓孩子學鋼琴之前，家長都會有這樣的顧慮——我家孩子適不適合學鋼琴？有沒有音樂潛質？如何判斷孩子的音樂潛質呢？

高橋雅江：就像剛才我提到的，對於所謂的天分，家長們不要過於執著。但是，如果家長確實想知道孩子在音樂方面的能力如何，最好的方法就是找一個有經驗的老師，讓老師來判斷。但要注意不要跟孩子説是去測試，就説去見見老師。那麼，老師如何判斷呢？

第一，觀察孩子的音樂敏感性。可以放一首兒歌，觀察孩子是否會跟着節奏晃動身體，或跟着旋律打節奏；還可以放一首鋼琴曲，看看孩子能從鋼琴曲裏聽出甚麼感覺。比如放首歡快的曲子，看看孩子是否能用恰當的詞來形容。或許孩子的詞匯量沒有那麼多，但他們可以説，像放鞭炮一樣，像馬在跑……

第二，觀察孩子的協調能力。可以讓孩子在鋼琴上隨便彈一彈，看看他的每根手指能否分開彈奏，左右手能否分別彈奏。

第三，觀察孩子的音樂記憶力。可以打一段節奏，或唱一段簡單的旋律，讓孩子進行模唱。通常被認為「五音不全」的孩子，他是找不準調的，沒有基本的音樂模仿力。

對於孩子能不能學習樂器這件事，我還想補充一點：在進入培訓機構或者拜入老師門下之前，應該讓孩子自己先有認知。除了之前我説的要做音樂素養啟蒙之外，也要從態度、意願上，讓孩子有認知。假如和孩子商量好了要學習鋼琴，那麼家長就應該很認真地問孩子：「你是認真的嗎？」這樣問的首要目的是要建立起孩子的責任心。現在很多孩子缺乏責任感，認為事事都可以依靠大人。因為事事都是家長安排的，所以孩子的自主能動性就比較差。如果是他自己參與選擇和決定的，那麼他就要對這件事情負責，哪怕他只是四五歲的小孩子。因此，家長要問孩子：「你是認真的嗎？你是真的想學、想『玩』這個東西嗎？」孩子如果說「我想學、想『玩』」，那麼家長再帶孩子去見老師，或者做一些測試。

在正式開始學習鋼琴前，家長應該再一次跟孩子確認：「你是認真的嗎？如果你是認真的，那麼請你堅持到底，中途不可以輕易放棄。」

剛才我用到一個字——玩。玩是一開始啟蒙的手段，目的是讓孩子產生興趣。但是，就算是玩，也要玩好，要堅持玩下去，不能玩一半，很隨意地丟下，又玩別的去了，然後再丟下，再找下一個……最後，哪個都沒堅持到底。家長需要跟孩子確認：「孩子，我們對這個項目的態度是認真的。」

常爸：對，端正態度很有必要。很多孩子在上興趣班，或者學習一項技能之前都會說：「我願意學，我是認真的。」可是學到後來，都由於種種原因放棄了。等到孩子長大了，回想起來還是會後悔，有的孩子還會責怪爸爸媽媽：「我小時候甚麼都不懂，我說不學你們就不讓我學了？」這些情況都是因為當時家長和孩子的信念不夠堅定。

高橋雅江：其實這種情況，我也遇到過。我的兩個孩子在學溜冰的時候也遇到了種種困難。當時讓她們學溜冰是因為覺得她們的身體素質不是很好，抵抗力差。兩個人剛開始學溜冰時，都很有興趣，因為動作簡單，教練也和藹可親。教練認為孩子是好苗子，很適合往專業的方面走，於是就開始逐漸加大教學難度。當她們開始

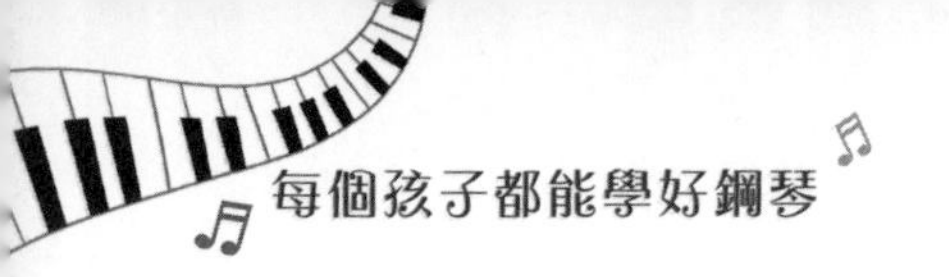

學習跳躍、空中旋轉一周半、後外點冰兩周跳時，問題出現了。因為要跳起來轉圈，不管轉一周半還是多少周，落地不穩就會摔倒，孩子的腳、腿經常摔得烏青。有時候做不好動作，教練就會很着急，偶爾態度也比較嚴厲。

過於嚴厲的時候，教練還會跟我道歉，但是我跟教練說：「你不要跟我說對不起，將心比心，你是老師，我也是老師。如果我看中了一個孩子，認為他有這個才能，願意培養他，我也會像你一樣的。」我認為，嚴師必會出高徒。如果當時我去找教練提要求，讓他不要那麼嚴厲，那麼教練肯定會放鬆要求，我覺得這對孩子是不利的。

常爸：她們會不會覺得太辛苦，說「媽媽，我不想學了」？

高橋雅江：會啊！孩子會問我自己得學到甚麼時候，我就跟她們說：「這個問題問得太好了，你學到上大學就可以不學了。」我始終認為興趣並不是百分之百天生的，難道有孩子天生就喜歡學鋼琴？喜歡訓練溜冰？太少了！興趣更多是培養出來的，是練出來的。等孩子上大學的時候，她們練了這麼多年了，即使再不愛溜冰，這對於她們來說也是很珍貴的東西了。

雖然她們現在不走專業路線，但是也沒有放棄滑冰。在外國，她們利用假期去冰場上當義工、當小教練，自己也很樂在其中，這就是堅持的收穫。

本章小結

- 孩子通過鋼琴的訓練可以建立對固定音高的感受，鍛煉耳朵聽音辨調的能力，之後再演奏任何樂器，如小提琴、結他等，覺得音不準時，自己都會調整。
- 學鋼琴的好處還是很多的。第一，通過調動手眼及大腦的配合，發展各部分能力。第二，陶冶情操，緩解生活壓力。第三，培養審美能力。第四，鍛煉孩子的耐力。第五，獲得一技之長。
- 只要是手指健全、身心健康、熱愛音樂的人，都可以學鋼琴。
- 玩是一開始啟蒙的手段，目的是讓孩子產生興趣。但是，就算是玩，也要玩好，要堅持玩下去，不能玩一半，很隨意地丟下，又玩別的去了，然後再丟下，再找下一個……最後，哪個都沒堅持到底。

Part 3

4~5歲
你好！我的鋼琴朋友

初次見面，我的鋼琴朋友

學任何樂器，只要孩子能樂在其中，就永遠不會「晚」。並不是說兩三歲或者四五歲學琴的孩子啟蒙得早，學出來的效果就肯定比別人好。

◆幾歲開始學鋼琴比較好？

常爸：確認了要學鋼琴這件事之後，很多家長的第一個問題就是，孩子幾歲開始學鋼琴會比較好？

高橋雅江：4~6 歲是全世界公認的比較適合開始學習鋼琴的年齡。但我個人還是覺得要看每個孩子的自身條件，因人而異。很多老師不願意教太小的孩子，他們覺得太小的孩子自控力差，集中精力的時間很短，所以規定了一個年齡段。其實不儘然，我提倡孩子啟蒙愈早做愈好。

常爸：就孩子普遍的發展水平而言， 4 歲之前的幼兒，認知水平或者手指靈活度很有可能還沒發展到可以學琴的程度吧！

高橋雅江：原則上在 4 周大之前，孩子小手的發育程度是不完全符合彈奏要求的。但是我們在啟蒙的時候，並不是一上來就讓孩子彈曲子或者彈音階。如果有的孩子手部條件比較好，那麼他可以一開始就使用正常的鋼琴教材，也就是譜子。大多數孩子還沒有發育好，那麼可以先做鋪墊，從很簡單的單音開始，同時做音樂素養啟蒙，進行很簡單的旋律、節奏訓練，樂理知識啟蒙等。做好鋪墊以後，孩子隨着年齡的增長，各方面都合適的時候，就可以開始進入專業的狀態用鋼琴譜來學習了。

我有一個學生小 Q，4 歲在意大利參加鋼琴比賽並獲得第一名，她就是 2 歲 8 個月開始學鋼琴的，4 歲的時候已經彈得很好了。作為老師，可以花時間整理出一套適合孩子彈奏的小夜曲、小曲子，或者一些適合孩子的技法上的小練習。彈鋼琴這件事，技巧方面可以根據孩子的情況稍做變動，不是説譜子上的指法標記成甚麼樣，就必須讓他彈成那樣，可以在合理範圍內變動一下，要做到因材施教。如果孩子還沒發育好，就必須等到條件成熟了再讓他去學習。

常爸：如果孩子超過了 4~6 歲這個最佳學琴年齡，想要學鋼琴會不會太晚了呢？

高橋雅江：其實學任何樂器，只要孩子能樂在其中，就永遠不會「晚」。並不是説兩三歲或者四五歲學琴的孩子啟蒙得早，學出來的效果就肯定比別人好。在外國，我也看到過有的孩子七八歲，甚至十多歲才開始音樂素養啟蒙，但他們就像大腦開竅了一樣，學

得也比別人快。

年齡偏大的孩子學琴最大的優勢就是自身的理解能力和自主學習能力都變強了，所以學習進程也會更快。因此，我覺得孩子學琴的年齡不是一定要在 4~6 歲，也不是大了再學就不行，真的要因人而異、因材施教。

雖然學鋼琴不存在早與晚的問題，但是年齡偏大的孩子相較於 4 歲開始學琴的孩子來說，手指的基本功可能就沒有那麼扎實。練琴也講究「童子功」，孩子學得晚，相對其他孩子來說積累的時間就短，比較不佔優勢。最好的規劃還是在孩子的黃金年齡段，也就是 4 歲之前做音樂素養啟蒙，4 歲以後正式開始學習鋼琴，這對孩子聽力、記憶力、樂感、音樂理解力的發展都相對會好一些。

常爸：你覺得在學琴方面，男孩和女孩有區別嗎？

高橋雅江：我個人認為學琴無關性別，還是應該看孩子個人的狀態。社會上有很多人認為，女孩子學東西一開始進入狀態比較快，男孩子後勁比較足，但是也不是絕對的。每個孩子都有自己的特點，我還是強調那一點，因人而異。

◆可以在學鋼琴之前先學電子琴嗎？

常爸：有些家長會在孩子正式開始學習鋼琴前，先讓孩子學電子琴。因為電子琴和鋼琴相似，價格卻便宜很多，所以在家長還不能確定孩子是否能將鋼琴學習堅持下去之前，會先讓孩子學習電子琴作為入門。你怎樣看待這樣的做法呢？

高橋雅江：這個問題，我覺得要看讓孩子學琴的目的是甚麼。如果是以娛樂為目的，讓孩子學着自彈自唱，業餘地學一學，沒有甚麼問題。但如果是想讓孩子正統地進行鋼琴學習，我不建議用電子琴。在彈法上，電子琴與傳統鋼琴的技巧、技術的性質都是不同的，對於一個有多年彈琴經驗的人來說，這些差別可能比較容易控制，但是對於初學琴的孩子來說就不一樣了。

第一，這兩種琴對觸鍵方法的要求不同。電子琴對觸鍵沒有深淺的要求，只要按下鍵盤，就會發出同樣力度和音色的聲音。而對於鋼琴來說，觸鍵的力度大小很重要。凡是先學電子琴的孩子在改學鋼琴時，幾乎都要改進或重新學習觸鍵方法。

第二，電子琴的音域小於鋼琴，所能演奏的音樂範圍也因此受到了限制。多數情況下，彈電子琴時，左手的技術訓練非常單純，

彈鋼琴時卻要求左右手掌握相同的技能。所以，在鋼琴上可以完美地彈奏複調音樂，而在電子琴上卻很難做到。

第三，電子琴無法讓彈奏者自如地發揮控制力。假如有幾個需要同時彈奏的音，我們在電子琴上無法使其中的某個音更突出一些，或使其他音弱下來。長期彈奏電子琴的孩子，無法培養出掌控鍵盤的力度。

另外，現在還有品質不錯的電鋼琴和智能鋼琴，家長也可以在初期根據自己家庭和孩子的情況考慮選擇，但一定要選擇好的、值得信賴的品牌。

◆該怎樣給孩子選琴？

常爸：有的家長覺得孩子剛開始學琴，用個便宜點的鋼琴就可以了。那你覺得買甚麼價位的鋼琴比較合適？

高橋雅江：買甚麼價位的琴還是要根據每個家庭的經濟狀況來決定。從品質上來說，可以選擇歷史悠久的原裝德系琴或者歐系琴、日本名牌原裝鋼琴、中國國產名牌鋼琴；有條件的家庭可以選三角鋼琴。

我有一個學生，3 歲開始學琴，非常有天分。她的爸爸對於她學鋼琴這件事非常重視，就去德國訂製了一台鋼琴。訂製的鋼琴生產周期需要一年的時間。製作鋼琴的設計師要先跟客戶交流一段時間：他需要了解客戶的受教育程度、審美水平、對鋼琴的音色要求等各方面需求，還會根據客戶的經濟狀況衡量是用一百年的木頭還是四十年的木頭，用哪種合金鋼板，做多大的鋼琴。設計師收集完客戶的需求後再去設計、生產。

當然，這是一個比較特殊的例子，我不是説讓所有的家長都像這位爸爸一樣去訂製鋼琴。買甚麼價位的鋼琴，家長需要量力而為。鋼琴不同於其他樂器的地方，就在於它不僅僅是一件樂器或者家具，好的鋼琴更是生活中的藝術品。

鋼琴的牌子很多，挑選時不要只看外表，也不能光聽店員的推銷。在選購鋼琴時，最好帶上孩子或請專業的老師陪同，讓他們在每台琴上彈奏同一首樂曲，這樣外行的人都能聽出一些差別。

還有一點要注意的是，立式鋼琴的尺寸不等，高度愈高，共鳴也愈好。所以，在選擇立式鋼琴時，建議儘量選擇高度在 120cm 以上的。

常爸：很多學琴的孩子在家裏練習使用的都是立式鋼琴，你剛才提到了三角鋼琴，它與立式鋼琴有甚麼不同呢？

高橋雅江：三角鋼琴與立式鋼琴最大的不同之處在於擊弦器與鍵盤的機械結構。

三角鋼琴的弦槌從下面敲擊弦後，靠自重和地心引力返回原位；而立式鋼琴的弦槌是橫向敲擊弦後，借助彈簧的力量返回原位的。一個是自然下落，一個是靠機械的力量，這就使得兩種鋼琴在手感及琴鍵靈敏反應度上有很大差別。立式鋼琴單鍵的連擊能力為 7 次 / 秒，三角鋼琴為 14 次 / 秒。這也是為甚麼很多學習鋼琴的孩子平時練習時使用立式鋼琴，在登台演奏的時候如果使用三角鋼琴就會比較難適應，經常出現手指失控的情況。

三角鋼琴的聲音更為豐富，彈奏時更容易確認每一個音。所以，使用三角鋼琴可以更好地培養孩子對手的控制能力，以及對好的音色的辨別能力。

本章小結

- 4~6歲是全世界公認的比較適合開始學習鋼琴的年齡。但我個人還是覺得要看每個孩子的自身條件，因人而異。
- 在彈法上，電子琴與傳統鋼琴的技巧、技術的性質都是不同的，對於一個有多年彈琴經驗的人來説，這些差別可能比較容易控制，但是對於初學琴的孩子來説就不一樣了。
- 買甚麼價位的琴還是要根據每個家庭的經濟狀況來決定。從品質上來説，可以選擇歷史悠久的原裝德系琴或者歐系琴、日本名牌原裝鋼琴、中國國產名牌鋼琴；有條件的家庭可以選三角鋼琴。

第四章

陪我一起玩音樂的大朋友

對於好老師的衡量標準除了專業水平，更重要的是責任心、耐心、童心、愛心。我從來不認為只有鋼琴泰斗或名家名師才能教出優秀的學生，但是沒有這「四心」的老師是萬萬不能教好學生的。

◆如何給孩子選鋼琴老師？

常爸：正所謂「師傅領進門，修行在個人」，如何為孩子選擇合適的鋼琴老師成了讓很多家長迷茫的問題。有的家長會覺得，孩子剛開始學，可以選個水準一般、學費便宜的老師，等學得差不多了再換個級別高的老師。關於這個問題，你有甚麼建議嗎？

高橋雅江：很多家長都有這種想法，我認為對於好老師的衡量標準除了專業水平，更重要的是責任心、耐心、童心、愛心。我從來不認為只有鋼琴泰斗或名家名師才能教出優秀的學生，但是沒有這「四心」的老師是萬萬不能教好學生的。

家長不要有這種概念——孩子剛入門，先找個學費便宜的老師。並不是説學費便宜的老師就教得不好，也有教得好的，但那得靠碰運氣。話説回來，能夠具備這「四心」的老師，你覺得學費會便宜嗎？做教育，這「四心」是最值錢的。

我認識一個孩子，他在學習識譜的時候可能遇到了困難，之前的老師為了速成，就不讓他學識譜了，直接手把手教彈。後來，這個孩子會彈好多首曲子，但是看不懂琴譜，真成「亂彈琴」了。那個老師就是為了應付家長——你看，我這麼快就教會孩子彈曲子了。可這有意義嗎？對於孩子來説，無法獨立學習、獨立成長，是很悲哀的一件事。這就是沒有責任心和耐心的老師教授的後果。

常爸：童心和愛心怎麼解釋呢？

高橋雅江：有一本書叫《窗邊的小豆豆》，這本書裏面的人物是有真實原型的，其中巴學園校長小林先生就是有童心、有愛心的好老師。他的教育方式就是真正的因材施教。因為每一個孩子都是不同的，十個孩子有十個腦袋、十種性格，有童心和愛心的教育者要做的就是接受孩子們的想法和性格，跟他們同步。

老師不要用一種標準來衡量所有孩子。琴都彈得一模一樣了，或者都跟鋼琴名家彈得一樣了，就是好的，就是最棒的嗎？一個孩子，彈出來的感覺跟大師、老人家彈出來的感覺一樣，就是好的，就是正常的嗎？

標準答案訓練出來的孩子，就像批量生產出來的模型，不會有很好的想像力和創造力。老師要懂得保護孩子的個性和天性。有這樣思維意識的老師，才是好老師。

除了我説的有「四心」、有足夠的專業性以外，老師還一定要有熱情、有活力、有自信和幽默感。尤其是在孩子的音樂素養啟蒙

階段，很需要這樣的老師去感染孩子，讓孩子喜歡上鋼琴。這樣的老師對孩子的整個藝術生涯都會有很大的幫助。

常爸：我理解你這裏說的藝術生涯不是說孩子非得成為演奏家，指的是孩子整個學習的過程。如果有這樣的老師相伴，不僅能在這一門學科上幫助到孩子，還會在孩子的整個成長過程中，在生活、心理、認知等各方面幫助到孩子。

高橋雅江：是的。很多家長認為隨便找一個老師也能教，但是教出來的效果和更合適、更好的老師教的效果還是有所不同的。

我的學生大部分都是從一開始就在我這裏學習，也有一些學生是在某些老師或者某些機構那裏學不下去半路轉到我這裏的。說心裏話，帶這樣的轉學生真的是很不容易，因為他們的腦子裏已經形成了一種固化的東西，所有的彈奏方法都形成了習慣。我真的是需要很費心、很費力地去幫助他們。

當然，我也不是把孩子之前所學的東西全部推翻掉，我不喜歡這樣。別的老師的優勢孩子肯定已經學到了，那我需要做的就是補充沒有得到的養分，幫他改正一些小缺點或者不好的習慣，然後繼續陪着他一起玩音樂，一起成長。

總之，我還是認為啟蒙的老師是很重要的，一個好的啟蒙老師對孩子學琴道路的影響是深遠的。

◆大班教學與小班教學，怎樣選擇？

常爸：鋼琴課的形式很多，有多個孩子一起上的大班，還有一對一的小班，該給孩子選哪一種？很多孩子喜歡在群體中學習，因為有小夥伴一起學，更有樂趣，如果是一對一，好像孩子會覺得有點兒枯燥。你能給家長提供一些建議嗎？

高橋雅江：我傾向於選擇小班，因為小班的學習內容是針對個人訂製的，可以對孩子進行一對一的專業輔導，對技術、音樂處理等方面也可以進行更多細緻的指導，這是大班無法實現的。

不過，我的課程中也是有大班的。比如說一些關於學術上的課就是大班，還有一種大班是我在給某一個孩子上課的時候，會讓跟他彈同一首曲子的孩子一起來聽，大家交流心得，展示自己的特色。同一首曲子，每個人都有自己的理解，可以是不同的彈法、不同的音樂處理。我認為這樣的課程設置對孩子理解曲子和提高自身能力有很大的幫助。

總的來說，大班有大班的作用，小班有小班的好處。但在樂器學習上，集體課的方式並不是太適合孩子，所以我比較提倡的是上小班，音樂基礎課則可以選擇大課。

◆鋼琴老師上門授課，真的好嗎？

常爸：現在的孩子們各種課外班特別多，很多家長希望老師能上門授課，這樣能節省孩子在路上奔波的時間。你覺得鋼琴老師上門授課，對孩子有好處嗎？

高橋雅江：我非常不贊同老師上門授課。即使老師願意上門教，我也建議孩子走出家門去上課。

我不贊成老師到家裏來上課的理由很簡單——孩子在家裏永遠不可能有去學校上課的那種「儀式感」和「規範性」。孩子在家裏的狀態一般來說是鬆懈的，他的注意力無法集中，這和上課需要的氣氛背道而馳。還有一個問題，孩子在自己家裏，會不自覺地認為自己是主導的人，來家裏上課的老師往往得不到孩子最大程度上的認可，從而失去權威，影響教學效果。

從小，我的老師就要求我，到老師家上課，進門要問好，然後說「老師，拜托了」，意思是「我要開始坐下來上課了」。所以，在我的課上也是會有一些要求的。我會要求我的學生有禮貌，到老師家要先跟老師問好，下了課要說「謝謝老師」。

◆琴童家長應該怎樣與鋼琴老師相處？

常爸：其實，在孩子學琴的過程中，家長跟老師的關係也是很重要、很微妙的，家長與孩子的鋼琴老師相處得好、配合得好，對孩子的鋼琴學習大有裨益。你能從你的角度來聊一聊鋼琴老師和琴童家長之間的相處原則嗎？

高橋雅江：我覺得家長和老師相處，最重要的一點就是信任。家長將孩子送到老師這裏來，是信任老師的專業，願意尊重老師的安排，並且家長和老師的關係是平等的。

不管家長對音樂、樂器是否已經有所了解，老師最忌諱也最怕家長過於強勢，不把老師放在眼裏，或者愛質疑，相信道聽途説的理論，反而來質疑老師，或者過多介入，老師説一句他要解釋三句，一堂課下來比老師講的還多，孩子到頭來甚麼都沒學會。

我認為家長和老師之間比較好的相處之道是這樣：

第一，互相尊重，並且對彼此有禮貌。家長不能覺得自己付了錢，無論説甚麼老師都得遵從，教學不是生意；同樣，好的老師也不會擺出高高在上的姿態，彼此尊重是基本的。

第二，課堂上的事情全權交給老師，讓老師與孩子直接對話，家長不要替代孩子。教學不是一朝一夕的事情，一位好的老師很清楚如何為學生安排合適的進度。

第三，對於老師的課程安排有疑問時，家長不要當着孩子的面去質問老師，建議私下交流、提問。

本章小結

- 對於好老師的衡量標準除了專業水平，更重要的是責任心、耐心、童心、愛心。
- 在樂器學習上，集體課的方式並不是太適合孩子，所以我比較提倡的是上小班，音樂基礎課則可以選擇大班。
- 我不贊成老師到家裏來上課的理由很簡單——孩子在家裏永遠不可能有去學校上課的那種「儀式感」和「規範性」。
- 不管家長對音樂、樂器是否已經有所了解，老師最忌諱也最怕家長過於強勢，不把老師放在眼裏，或者愛質疑，相信道聽途説的理論，反而來質疑老師，或者過多介入，老師説一句他要解釋三句，一堂課下來比老師講的還多，孩子到頭來甚麼都沒學會。

開始上課了！

家長們千萬別和孩子一起抱怨，更別說「我知道這很難」。長此以往，孩子碰到問題就會先喊難，推卸責任，認為問題不在自己，而是因為太難了。

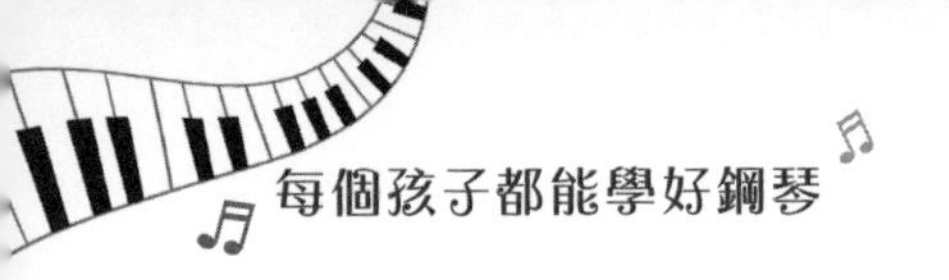

◆學鋼琴初期，最重要的是甚麼？

常爸：最近，我一個同事的孩子也開始學鋼琴了。前幾節課還比較順利，可是才上了快一個月，就從「母慈子孝」變成「雞飛狗跳」了。你能具體和我們談談通常孩子在初學琴的時候，會遇到哪些困難嗎？知道這些或許會讓即將學琴的孩子家長有一些心理上的準備。

高橋雅江：對於初學琴的孩子來說，遇到的困難是各種各樣的。有的孩子坐不住、不用心、注意力無法集中；有的孩子討厭練琴，覺得曲子很難、識譜很難、節奏很難；有的孩子課上學會了，等到回去獨立練習的時候就不會彈了。

每個孩子在學琴初期都會遇到不同的困難，但我想提醒各位家長的是，不要用言語強化困難。很多家長在接孩子下課時很喜歡問：「今天學得怎樣？難嗎？」這無形中就給了孩子一種暗示——學習鋼琴是一件很難的事情。其實我們仔細想一想，甚麼是難？甚麼是容易？誰來界定這個難和易？家長為甚麼要用我們口中的「難」來讓孩子產生抵觸情緒，或者畏懼心理呢？

曾經有個學生家長跟我説，她的孩子不想學鋼琴了，理由是覺得太難。我説：「估計是你給孩子的壓力太大了。」家長認為自己沒有給孩子壓力，但是她説：「我一直鼓勵孩子要刻苦練琴，要迎難而上，做好吃苦的準備。」如果家長老是把苦放在前面，孩子一抬頭看到前面都是苦，對鋼琴怎麼可能還會有興趣呢？

家長們千萬別和孩子一起抱怨，更別説「我知道這很難」。長此以往，孩子碰到問題就會先喊難，推卸責任，認為問題不在自己，而是因為太難了。

家長應以鼓勵為主，耐心地告訴孩子，沒甚麼事情是一遍就能做到最好的，第二次做要比第一次做得好，一次比一次好，一次比一次棒，慢慢來。這是我認為正確的引導方式。

常爸：學習任何項目，若從一開始就養成良好的學習習慣，之後的學習過程就會順利很多，甚至事半功倍。你覺得學習鋼琴的初期，孩子需要養成哪些好的習慣？

高橋雅江：好的習慣能影響人的一生，學鋼琴也是如此。我有幾個小訣竅可以分享給大家。

第一，孩子學習任何學科，數學也好，語文也好，還有音樂、

繪畫等都是這個道理，必須要有「課程表」的概念。比如每天固定幾點練琴，那麼在這個時間就必須去練習，得培養孩子練琴的慣性。我們以一星期為一個周期，讓孩子每天在固定的時間、固定的地點練習，只要堅持七天，大部分孩子就會養成這個習慣了。有很多孩子三天打魚，兩天曬網，今天練明天不練，這樣是沒有作用的。

第二，由慢至快，循序漸進。俗話説，心急吃不了熱豆腐。練習務必從慢速開始，切忌貪快，尤其忌諱愈彈愈快，而不注意節拍。慢練的好處在於可以將曲子中的重難點放大，同時降低出錯率。一首曲子經過分解慢練、重要部分重複慢練等步驟，孩子慢慢會愈彈愈熟練，練琴效率也會提升。

第三，練琴時備一支鉛筆。好記性不如爛筆頭。很多時候譜子上並沒有詳細的指法、強弱指示，這時候，就需要用筆把合適的指法、強弱等記號標上去。同時，還有許多練琴時的小失誤也可以用筆記下來，練習的時候克服一個畫掉一個——成就感能促使自己不斷提升。

第四，經常複習以前練過的曲子。所謂「溫故而知新」，已經會彈的曲子並不代表已經吃透。人腦不是機器，新學的知識一段時間不複習是會忘記的。要將一首曲子練到演奏級別的水平，一般要分三個階段。第一階段就是指法、節奏、音準不會出錯，也就是譜面上的東西不出錯。第二階段是增強彈奏的熟練度。第三階段是加「調味」，就是加入自己的感情、自己的理解，這才是完整地吃透一首曲子。許多樂曲在理解、技術處理上的要點，孩子在第一次學會時並不一定能夠掌握，因此都需要在水平更進一步後，靠複習來鞏固、認識，加深記憶。

第五，明確每天練琴的目標，注重反復練習。做任何事情都需要有目標，練琴也是如此。不要盲目地同時練很多曲子，貪多嚼不爛。同一首樂曲孩子每天彈奏 7 遍就好；記錄每次彈奏的時間，幾天下來你會看到孩子用的時間愈來愈少。對於一些知識點，我們會在不同的學習階段反復讓孩子學習，總共可能會重複 150 次以上，讓孩子下意識地習得而非機械地記憶，我稱這樣的學習方法為平行遞進學習法。

◆怎樣練琴才最高效？

常爸：說到練琴，可能是每個琴童和家長都面臨的「千年難題」。孩子願意上課，願意聽音樂，也願意上台表演，但是讓他每天練琴，有家長形容「比登天還難」。但是，我們都知道每天練琴是必需的。針對這個問題，你有甚麼好方法嗎？比如，每天應該甚麼時間練琴？每次該練多長時間呢？

高橋雅江：針對「每天在甚麼時間段練琴」這一問題我曾經做過一個試驗。我將孩子分為兩組，一組是孩子自由支配、規定練琴的時間。可以先寫作業再練琴，也可以先吃飯再練琴，反正這一組的孩子愛甚麼時間練琴就甚麼時間練琴。另外一組是由我來安排時間，我要求孩子放學回家先練琴。孩子放學回到家後的 15 分鐘裏先洗手、上廁所、吃喝一點東西。這些事情保證在 15 分鐘內完成，然後開始進入練琴狀態。

經過觀察、對比孩子們那段時間的學琴表現，我們發現放學回家後先練琴的孩子學琴情況是比較穩定的。另外一組練琴時間自由化的孩子，他們的回課情況、上課效率就會差一點，而且返工率較高。

因此，我主張孩子放學回家後先練琴。另外，孩子的注意力基本只能保持 25~30 分鐘，所以不是每天練習時間愈長愈好，但是半個小時是給孩子規定的最少時間，不要低於半個小時，而且要保證這半個小時的高效率。

常爸：基本上孩子 6 歲以後就上小學了，有了一定的自控能力。而且，我覺得只要做好時間規劃就不會沒有時間練琴。但是，也要視每個孩子、每個家庭的具體情況量力而為，畢竟練習最重要的不是湊夠時間，而是在有限的時間裏提高練習的質量。

高橋雅江：是的。剛才說到的是每天固定的練習時間，還有一個關於練習時間的事情我想說一下。當孩子學到一定程度，就要開始練習一首表演的曲目或者比賽的曲目了，因為表演曲目和比賽曲目是需要累積的。如果有考試、比賽、演出的需求，老師可能會要求孩子練習某些曲子練上一年之久，這時家長就會覺得練的時間太長了，認為「怎麼這一首曲子練了一年呀？練熟了就換一首曲子吧」。這種想法是不正確的。

因為一首鋼琴曲彈一個月、半年、一年，每一次彈出來的「味道」都是不一樣的。作曲家的時代背景、創作狀態，包括處理方式等，都需要孩子細細揣摩、反復體會。如果你是一個會練琴、有思想、有豐富情感的人，每天練琴時需要處理、改進的內容都是不一樣的。

常爸：關於練琴，我們再多說一些。你認為如何實現高效練琴？針對「不好啃」和「嚼不爛」的曲子，你有甚麼攻克秘訣嗎？

高橋雅江：對於「不好啃」和「嚼不爛」的曲子，可以本着「先慢後快，先分後合，重點突破，小心收拾」的原則。

這個原則怎麼理解呢？我來簡單解釋一下。

第一，先慢後快。拿到一首曲子，先從慢速開始，不要貪快，必須嚴格遵守節拍、音符之間的時值關係。

第二，先分後合。碰到難關、難點的時候，確實是要分開去練。先左右手分手練習，再合手練習；先手指練習，再配合踏板練習。

第三，重點突破。可以簡單分析曲譜構造，先攻克簡單的部分，針對複雜難攻的部分再結合「先慢後快，先分後合」的原則重點突破。

第四，小心收拾。技術、技巧方面的難題都攻克了，接下來就要開始注意處理音樂了。以説話為例，人們説話時中間是需要停頓的，不可能一直説，彈琴也是如此，整曲要有節奏感。再比如，曲譜中標記的踩踏板方式不適合孩子，那就要「小心收拾」了。孩子在練琴時，耳朵要聽，手要處理，腳下要配合才能彈得完美。

◆鋼琴課可以隨便取消嗎？練琴不得不中斷怎麼辦？

常爸：如果偶爾有一周，孩子沒有足夠的時間練琴，是否該取消本周的鋼琴課呢？

高橋雅江：如果不是孩子生病等特殊情況，那答案只有一個：

不能取消。不能因為孩子沒有練琴，就不讓他去上鋼琴課。換句話說，如果孩子沒有完成學校的功課，那第二天是否就可以不去上學呢？

孩子練琴時間不夠多，家長可以和老師商量調整功課量，改變曲目難度，但是不能打亂每周上課的頻率和習慣。年紀比較小的孩子如果兩周上一堂課，那在第二次上課時可能已經把上一次課的內容和重點都忘記了。而且如果動輒取消孩子的鋼琴課，孩子還會有「練不好琴也沒關係，反正媽媽會給我請假」的想法。如果孩子不能完成老師留下的一周練習，家長可與老師溝通，適當調整課程難度和內容。課程安排不是死板的，要根據孩子情況及時調整，減小其上課的壓力和負擔。如果真遇到不能上課的情況，家長也應該跟老師溝通調換時間而不是取消課程。

常爸：還有的時候，全家出遊或者去親戚家、去度假，孩子不能每天練琴，也會是家長的一塊心病。這種情況該怎麼辦呢？

高橋雅江：很多家長都問過我這個問題，尤其是寒暑假的時候，家長總想帶着孩子出去度個假，但是一想到孩子很長一段時間不能練琴，有的家長心裏就不免會有些焦慮。

其實我是鼓勵讓孩子多出去看看世界的，不能因為要練琴就剝奪孩子一切外出的機會。即使外出時沒有鋼琴可以彈，孩子還是可

以學習鋼琴知識的。之前我們也説過，鋼琴的學習除了鍵盤上的，還有樂理、視唱練耳、音樂欣賞等多個方面。

首先，孩子外出旅行的時候可以將近期要練習的譜子帶上，在酒店的時候可以邊聽音檔，邊看着樂譜，達到複習鞏固的效果，也可以在不打擾別人的情況下進行視唱練習，加強識譜能力。現在還有那種手捲電子鋼琴，可折疊，方便攜帶，必要時也可作為一種選擇。

其次，家長可以根據出行的地點對孩子進行音樂知識方面的擴充，比如帶孩子了解當地的風土人情、音樂風格、特色樂器、民歌童謠，還有當地誕生過哪位作曲家，以及作曲家的創作心境等。這樣不僅可以開闊孩子的眼界，還能讓孩子了解音樂的多樣性。我相信在旅行中學到的知識會讓孩子的記憶更加深刻。

旅行的過程其實也是一種學習的過程。讓孩子用心去看世界，去感受世界，我認為對他感知音樂是很有幫助的。

本章小結

- 每個孩子在學琴初期都會遇到不同的困難，但我想提醒各位家長的是，不要用言語強化困難。
- 學鋼琴初期要養成的好習慣：第一，孩子學習任何學科，數學也好，語文也好，還有音樂、繪畫等都是這個道理，必須要有「課程表」的概念。第二，由慢至快，循序漸進。第三，練琴時備一支鉛筆。第四，經常複習以前練過的曲子。第五，明確每天練琴的目標，注重反復練習。
- 我主張孩子放學回家先練琴。另外，孩子的注意力基本只能保持25~30分鐘，所以不是每天練習時間愈長愈好，但是半個小時是給孩子規定的最少時間，不要低於半個小時，而且要保證這半個小時的高效率。
- 對於「不好啃」和「嚼不爛」的曲子，可以本着「先慢後快，先分後合，重點突破，小心收拾」的原則。

Part 4
5~7歲 跳躍的黑白鍵

初學鋼琴，做好這些最重要

就像孩子學走路時要先經歷爬、站，然後才能慢慢學會走路，最終走出自己的風格，學琴的過程也是如此。

◆彈鋼琴的正確手形到底是怎樣？

常爸：每當說到學鋼琴，好像大家都會說到一個「永恆」的話題——手形。比如，甚麼是標準手形？「握雞蛋」手形是不是標準手形？到底要不要按照標準手形去彈奏？

高橋雅江：說到標準手形，確實是很有意思的一件事情。現在社會上的老師都說，彈琴一定要有標準的手形。客觀上講，鋼琴演奏中沒有某種固定不變的手形。每一首新的樂曲都會產生新的任務，從而對手的彈奏姿勢和要求也會不同。不同的鋼琴家演奏同一首樂曲時手的姿勢也可能是各種各樣的，由此可以說，沒有一種絕對正確的手形，也沒有一成不變的標準手形。只要適應音樂表現需要，任何演奏手形都可以被認為是正確的。

在我學琴的時候，我的老師從來沒有告訴過我，要「握雞蛋」或要怎樣。他會跟我講解人的手指結構。人的手有關節，從腕關節開始，握緊拳頭時手背上會凸起的地方叫第三關節；接下來，手指

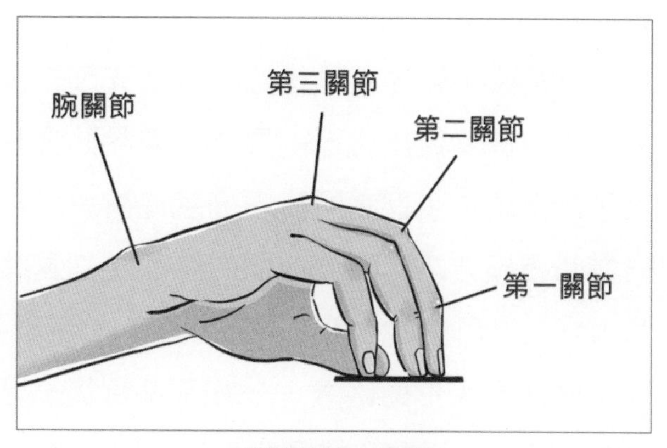

手部關節示意圖

中間的關節稱為第二關節；靠近指尖的稱為第一關節。從小我的老師就告訴我：彈琴的時候關節永遠要凸出，手腕放鬆並稍低於第三關節，胳膊肘向外打開。手臂一打開，手腕自然而然就會稍微低於第三關節，但注意不是壓腕。

我也聽過練習標準手形要像握雞蛋的說法，但我認為「握雞蛋」的手形並不是唯一標準，只要注意關節凸出就可以了。因為第一關節不凸出，就意味着折指了，也就是用指腹去觸琴。但是話說回來，用指腹就不能彈好鋼琴嗎？大鋼琴家弗拉基米爾·霍洛維茨就是用指腹彈琴，能說他彈得不好嗎？

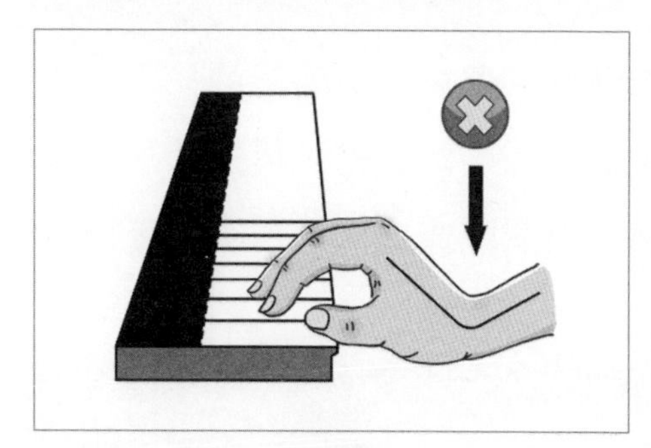
壓腕

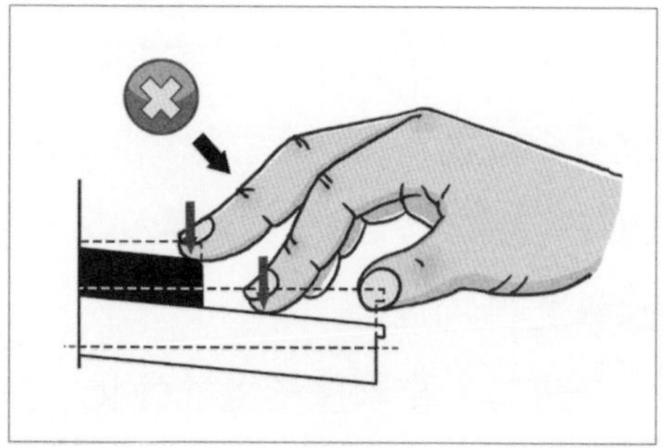
折指

只是說，就像孩子學走路時要先經歷爬、站，然後才能慢慢學會走路，最終走出自己的風格，學琴的過程也是如此。初學鋼琴的孩子，正處在學習鋼琴演奏的基礎階段，為了適應鋼琴鍵盤的排列結構和彈奏技巧，需要他們的手和手指具有一種有利於彈奏的動作和力度，我們把這種手的彈奏狀態叫作基本手形。在學鋼琴的初期，確實應注重手形的訓練，一些不良習慣一旦養成，是很難糾正的，也會給日後的學習和提高演奏技巧造成障礙。

常爸：孩子的手指力度不夠，容易出現折指、壓腕等問題，反復糾正但是效果不好。你有甚麼技巧和方法可以教給孩子們？

高橋雅江：小孩子正處於成長發育期，骨胳、肌肉、韌帶都還發育不完善，缺乏力量，所以在短期內就讓孩子練好手形是很困難的。必須要耐心地幫助孩子，不厭其煩地提醒孩子注意保持手形。

可以採用下面一些技巧和方法。

第一，讓孩子自己來判斷。老師可以彈一首很簡單的兒歌，但是要用幾種不同的手指狀態去彈，正規的、趴着的、折指的、奇怪的等。讓孩子自己去判斷，哪一種手指狀態彈出來的聲音更好聽、飽滿度更強。

第二，要求孩子慢速彈奏，彈每個音的手指動作都要達到要求。

第三，有些老師提倡孩子初學鋼琴時先練斷奏，就是吊臂，提手腕，落鍵不要發力，手自然落到琴鍵上即可。我的主張是先訓練連奏，也就是連續高抬指。這是為了訓練手指的靈活性和手指獨立支撐的能力。等孩子的手指具備一定的獨立支撐能力後，再學習斷奏（跳音）和吊臂，當然前提還是得學會放鬆肩膀、手臂、手腕。手腕是彈奏鋼琴時的力度調節器，手腕放鬆是訓練非連奏、連奏以及斷奏（跳音）的基礎，對以後的演奏技巧訓練和樂感處理都起到至關重要的作用。手腕放鬆，手指尖立住，手形自然就好了。

現在大多數孩子練琴的時間有限，所以一般初學的孩子，我不會要求那麼多。但是有一定基礎，包括將來要走音樂專業道路的孩子，我會要求他們除了在鋼琴上練，還要在桌子上、硬板子上練，這也是一種訓練的方式。因為彈奏琴鍵是會發出聲音的，孩子在彈奏的時候，可能更多注意了聲音方面，而忽略手指的技巧。而看着譜子在桌面上空彈時，是沒有聲音的，這樣的方式可以幫助孩子更專注於手形、力度等。

但是，過分強調手指的標準化，很容易傷害到孩子學琴的興趣，嚴重時還會損傷手指。所以，家長們也不用着急，等孩子經過生長發育和適當訓練，手指能夠獨立達到一定強度的時候，自然就會形成一個較好的手形。

◆如何給孩子選擇合適的鋼琴教材？

常爸：聊完了手形，我們再來説説教材。鋼琴教育需要與時俱進，其中很重要的一環正是教材的與時俱進。對於初學鋼琴的孩子，應該如何幫他們選擇教材呢？

高橋雅江：正如你所説，教材的確是需要與時俱進的，比如我教孩子用的是《巴斯蒂安鋼琴教程》系列教材，這套教材是美國的鋼琴教育家巴斯蒂安夫婦研究了50年才完成的一套非常好的教材，在歐美國家很早就流行了。還有，在中國已經廣泛使用的《約翰·湯普森簡易鋼琴教程》、巴托克創作的獨樹一幟的《巴托克小宇宙鋼琴教程》、循序漸進並加標題的練習曲選集《趣味鋼琴技巧》、富有創造性的《菲伯爾鋼琴基礎教程》等，都是值得推薦的。這些教材摒棄了手指基礎的陳舊觀念，注重鋼琴入門技術教育的開放式訓練思路，主張納入全面和豐富多樣的技術訓練內容，給我們的鋼琴教學帶來了新穎的方式、嶄新的理念和生動的內容。

最重要的還是老師要熟悉所用教材，這樣才能更有效地利用教材，讓孩子更好地吸收和掌握教材中的內容。

常爸：現在用《哈農鋼琴練指法》作教材的也不少。

高橋雅江：哈農既是書名也是作者的名字，通常我們也就簡稱這本書為《哈農》。這本書涉及鋼琴常用的基本技術，包括五指練習、音階、琶音、雙音、和弦、顫音、六度、八度等基本技巧的練習。這些練習能夠使手指輕巧敏捷、靈活獨立、結實有力、平均發展，還能使手腕放鬆平穩、自然柔順、富有彈性。在鋼琴教學中，《哈農》一直是一本很有練習價值的常用教材。其中的音階、琶音和一些練指法也成為鋼琴考級和專業訓練必不可少的項目。

我認為學鋼琴的孩子都應該練習《哈農》，並且讓這種練習伴隨他們的整個鋼琴學習生涯。很多初學鋼琴的學生都會問，為甚麼每天都要練習《哈農》？彈起來真的很無聊，上行和下行是一樣的，彈一遍就會了。其實不然。彈《哈農》就像熱身一樣，在彈曲子之前先彈《哈農》可以練習一下手指的靈活度和力度。每天練《哈農》，不是要把它彈得多熟、多快，而是要把手指的技能訓練出來，鍛煉手指靈活、獨立、有力和用力均勻。

◆剛學琴的孩子需要學五線譜嗎？

常爸：在我們這代人中，學過五線譜的可能很少，所以我們會覺得五線譜很難。那麼，孩子在剛學琴的時候，要不要先讓他們學五線譜呢？

高橋雅江：我們主張在教學中尊重孩子的成長規律，用生活化的學習方式將快樂融入教學，不要套用成人化的法則和冗長無趣的程式化教學。就像不應該讓剛開口學説話的孩子學認字一樣，我們在教學中從不先教五線譜，而是先讓孩子認識手、認識樂器，知道鋼琴中音、高音、低音的位置，用手指熟悉黑白鍵。

孩子通過感受音樂的力量和不同琴鍵的發音對鋼琴產生好奇心，之後再引導他們認識琴鍵的位置。通常我會以幼兒園的小床打比方，每張床都有相應名字的「小朋友」住在上面，名字不可以弄錯，它們的名字是甚麼呢？是 1（Do）、2（Re）、3（Mi）……

◆怎樣識譜最輕鬆？

常爸：聽説你從小識譜就很厲害，有沒有甚麼好的方法能讓孩子較為輕鬆、愉快地識譜呢？可不可以把你的經驗分享出來？

高橋雅江：對於大多數低齡的孩子來説，理解五線譜是比較困難的。五線譜，顧名思義是由五條線組成的，長得像豆芽菜一樣的音符分布在這五條線上。小時候，我的老師是用遊戲方式讓我理解的，所以我現在也是用遊戲的方式教學生。我們不僅把五線譜上的音符比喻成豆芽菜，還把 F 大調的降號比喻成戴着的眼鏡……用這樣形像的語言向孩子描述鋼琴的音樂元素，他們就會對枯燥的五線譜特別感興趣。

在識譜方面，我主要是培養孩子的圖像式思維。比如中央 Do，不管它在高音譜號的下加一線，還是在低音譜號的上加一線，它都是像「一個月餅切一刀」。將五線譜形像化、語言化、故事化，而不是讓孩子們去死記硬背，他們反而很容易就記住了。

例如位置的遊戲：我們會做一些卡片，正面是五線譜中某個音符的位置，背面要寫出這個音符的「大名」，七個音的大名分別是 CDEFGAB。比如，中央 C 的音名叫 C，那麼它唱甚麼？C 的「小名」叫 Do，所以它就唱作 Do。在琴鍵上找到相應的位置，將卡片貼在上面，讓孩子知道這個位置住的「小朋友」大名叫 C，小名叫 Do。同時配合着譜子來認，在高音譜表裏，它就住在下加一線的位置。然後不斷鞏固、練習，加深孩子對音符位置的熟悉程度。

鋼琴有 88 個鍵，其中有 52 個白鍵，像 52 個穿白衣服的小朋友。這些「小朋友」每 7 個是一組，它們分別是 Do、Re、Mi、Fa、Sol、La、Si。先認識中音區的 7 個「小朋友」，中音區的位置熟悉了以後再把小卡片往前或者往後移，換下一個區域的位置繼續練習。當孩子已經熟悉了，看到譜子可以條件反射般地找出位置時就可以撕掉卡片了，也就意味着識譜對於他來説已經沒有太大的問題了。

還可以玩打牌遊戲：比如我們今天學了 Do、Re、Mi、Fa、

Sol、La、Si，那麼我就會做 7 張牌，上面畫着音符在五線譜中的位置，一個卡片對應一個音。然後我出一個 Do，孩子要找到比它高一度或高幾度的音。

所謂熟能生巧，知道了這個道理，識譜大關也就沒那麼難以攻克了。

還有一個重要的方法——在學習中一定要唱譜子，把譜子唱出來也有助於識譜。

彈鋼琴的英文是「play the piano」，「play」一詞道出了彈鋼琴的最高境界其實是玩。只要用符合孩子天性的教學方法，孩子學習識譜就會像玩玩具一樣快樂。

常爸：我觀察到小孩子在彈琴的時候狀態不一樣，有的孩子只是手指動，嘴上不出聲；有的孩子一邊彈着一邊還會唱出來，身體也會跟着晃動。在彈奏的時候需要邊彈邊唱嗎？

高橋雅江：邊彈邊唱是需要的，這也是我們教學中一直推崇的。

當然，也會有孩子跟我反映：「老師，你讓我邊彈邊唱，我一唱，手就不對了。我一彈，嘴就跟不上了。」為甚麼我還要這樣要求呢？

我不是聲樂老師，我不會讓孩子像高音歌手那樣唱。我的要求是唱準，比如彈出來的音是 Do，那唱出來的音也得是 Do。利用邊彈邊唱的方法，一方面可以提升孩子的樂感，跟着鋼琴唱歌音會比較準，不容易跑調；另一方面，這種方法可以培養孩子自主學習的能力，為他學習識譜提供了機會，所以還是要儘量鼓勵孩子張嘴唱。

常爸：那接下來是不是就要開始學習認識音符了？

高橋雅江：是的。我會跟孩子說，音符就像小豆芽菜。豆芽菜的結構是怎樣的呢？有頭、有身體、有尾巴。

空心、沒身體、沒尾巴的「豆芽菜」是全音符；空心、有身體的「豆芽菜」是二分音符；實心、有身體的「豆芽菜」是四分音符；實心、有身體、有一條尾巴的「豆芽菜」是八分音符；實心、有身體、有兩條尾巴的「豆芽菜」是十六分音符。這樣將音符進行拆分和分類，有助於孩子理解符號。認識休止符就更簡單啦！十六分休止符就像是一個旗杆上掛了兩面旗子；八分休止符就是只掛一面旗子；四分休止符就像海洋裏的海馬；二分休止符就像一頂放在桌面上的帽子；全休止符就是把帽子倒過來。

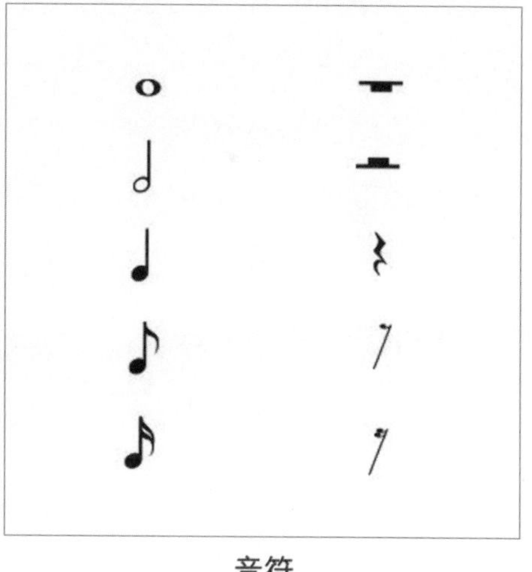
音符

常爸：除了這些音樂符號，音符的時值也是比較抽像的，怎樣幫助孩子理解音符時值呢？

高橋雅江：時值怎樣理解呢？比如一個全音符是四拍，那就拿出四個蘋果，一個蘋果代表一拍。二分音符是把一個全音符分成兩半，那就變成一個二分音符再加一個二分音符。原來是四個蘋果，我現在要分成兩半，左邊放兩個，右邊放兩個。這樣將時值進行分解，就能很清楚地理解了。

怎麼讓孩子記住一拍呢？很簡單，有個口訣：手心往下是半拍，手背拿起是半拍，一下一上是一拍。

初級階段這樣做有利於孩子理解，當孩子已經開始進入狀態後，就可以用圖的分解方式進一步學習。

全音符	𝅝	四拍	𝄻	全休止符
二分音符	𝅗𝅥	二拍	𝄼	二分休止符
四分音符	♩	一拍	𝄽	四分休止符
八分音符	♪	二分之一拍	𝄾	八分休止符
十六分音符	𝅘𝅥𝅯	四分之一拍	𝄿	十六分休止符

音符的時值

◆要學視唱練耳嗎？甚麼時候學？具體學甚麼？

常爸：孩子參加鋼琴考級，會考到前面講到的樂理，還包括視唱練耳。那在平時的學習中，視唱練耳是需要單獨學習的課程嗎？需要跟鋼琴學習同步嗎？

高橋雅江：視唱練耳和樂理都屬音樂基礎知識，實際上是要整體並進式地來訓練。如果你學鋼琴，這些基礎的東西最好是同時跟着鋼琴一直學下去，這是有好處的。樂理學完以後，可以學到和聲學、曲式分析，提早去接觸這些都是有益的。

而且，練耳是有最佳時間的。8 歲之前練耳，可能 8 個月就能完成；8 歲以後，花 4 年還不一定能完成。就像説話一樣，孩子 1 歲半時不讓他講話，到了 5 歲才讓他學説話，那就錯過了最佳的語言發展期。練耳也是一樣的，把握好時間段很重要。有很多家長説「沒事兒，等孩子大了，理解能力強了再讓他去學」，但到那時耳朵可能就跟不上了。

常爸：可不可以請你説得再細緻一點，視唱練耳具體學甚麼？

高橋雅江：我們要知道甚麼是視唱練耳。通俗點來說，視唱練耳就是「唱」和「聽」。

視唱就是拿到一份五線譜樂曲看譜即唱的技能，需熟練掌握五線譜，各種高、中、低譜號，區別不同音之間音高的不同，以及不同音符所代表的時值長短，還要認識各種升、降記號，判斷各種調式與調性等等。演唱時要求音準、節奏準，有表現力地將曲子完整唱出來。

練耳是聽覺的訓練，通常是對鋼琴上彈奏出來的音進行聽辨，訓練孩子靠聽覺分辨單音、音程、和弦、節奏，以及把聽到的音或曲調用五線譜準確記錄下來的能力。還要能夠聽辨和弦，分析和弦的性質、功能，相應地唱音程與和弦等。

視唱練耳是音樂教育的基礎課程，對於所有從事音樂專業方向的音樂人、音樂工作者來說都十分重要。無論是學生還是教師，無論是聲樂學習還是器樂練習、演奏，都需要加強視唱練耳的學習。

◆怎樣正確使用踏板？

常爸：在學琴的過程中，除了音樂基礎知識的同步學習，如何使用踏板，也是容易被忽視的。鋼琴踏板是鋼琴彈奏中重要的一部分，踏板使用是否得當，直接影響彈奏的聲音、色彩和風格。我們來聊聊應該如何正確使用踏板吧！

高橋雅江：一般來說，不同的演奏者踩踏板的方法不同，甚至同一個演奏家也會在一次演奏中使用不同的踏板法。

我們要清楚鋼琴有幾個踏板，作用分別是甚麼。

一、右踏板

右踏板學名叫製音踏板，但我們一般稱其為延音踏板，它的主要作用就跟它的名字一樣，是用來延長音的。右踏板一踩下去，鋼琴裏的製音器全部打開，所有彈到的音全會延長。腳一抬起來，製音器又壓在琴弦上，音的延長就會中止。

右踏板最常用也最重要。在演奏中，運用右踏板，不但可以使已經彈下去的音繼續鳴響，同時也能讓被解放的空弦與之產生共鳴，使聲音更為洪亮。右踏板不能濫用，否則會影響演奏的效果。

二、左踏板

左踏板是弱音踏板。在家用立式琴上，踩下左踏板，能讓琴槌靠近琴弦，叩弦的力量就輕了，聲音相應就弱了。在演奏用的三角鋼琴上，踩下左踏板則使琴槌向一側偏移，在擊弦時只能叩擊每一組弦中的兩根或一根。

左踏板常被用於增加聲音的柔和度，去掉音質中的雜質，起到使弦音減弱，變化音色的作用。

三、中踏板

在立式鋼琴上，踩下中踏板會使擊弦機上方一塊厚絨降下來，擋在琴槌與琴弦之間，這樣彈出來的聲音就小得只有自己聽得見，琴房外的人則聽不清楚。這個作用是為了不影響別人，沒有演奏上的意義。

在三角鋼琴中，中踏板的作用與在立式琴上的作用完全不同。這個踏板的作用有點像巴洛克時期樂隊裏的通奏低音，用來支持旋律聲部的流動。換句話説，如果鋼琴的高音聲部極為複雜，但是左手的跨度又很大，為了控制和聲的節奏必須彈奏低音，需要將低音延長，如此一來，演奏者就不能兩頭兼顧。如果踩住這個踏板，再彈低音，這個低音就會持續卻又不像踩右踏板那樣使整架鋼琴當時發出的音都延長。因此，三角鋼琴中，中踏板的作用就是解放左手，有目的地降低彈奏難度。

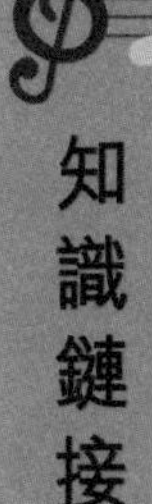

知識鏈接

通奏低音（basso continuo）也叫數字低音，是巴洛克時期的一種記譜方式。基本上是由旋律加和聲伴奏構成的，它強調的是高低兩端的聲部旋律線條，即低音部和高音部這兩個基本的旋律線條。它有一個獨立的低音聲部持續在整個作品中，所以被稱為通奏低音。

常爸：那踏板在彈琴的時候如何運用呢？怎樣才能踩好踏板呢？手腳並用對孩子來說也是個挑戰。

高橋雅江：腳踩踏板的正確方法是，用腳趾和腳掌交界處的位置踩踏板，因為那個位置能夠踩下的力度最大。用腳心踩踏板，不靈便；只用腳趾踩踏板，踩不穩，力度也不夠。

使用踏板時，腳腕要靈活，迅速地將踏板全部踩下，鬆開踏板時，也同樣靈活地運用腳腕帶動腳松掉壓在踏板上的力量。

腳應隨時準備好放在踏板上或者移近踏板，以便在需要立刻使用踏板時去除一切無用和不自然的動作。當然，要注意，不需要踩踏板時，腳最好離開踏板；如果需要把腳放在踏板上，那麼腳跟不要離開地面，且不要施加任何壓力，否則會造成聲音的混響。

知道了怎麼踩踏板，我們還要知道幾種踏板運用形式。

直接踏板法：也叫節奏踏板法，是在一個和弦、一個動機或一個樂句的範圍內踩下、放開踏板。它只於一段音樂範圍內起作用，並不是整段音樂都用。

連音踏板法：用來連接旋律、和聲、節奏等，能加強對後面音樂的傾向性。它是最常用的踏板技巧，最簡單的應用是出現於兩個音或和弦要用一個無縫的又不被模糊的連奏連接起來時。如果想要清楚地換好踏板，沒有以前的和聲遺留，且在聲音中沒有裂縫，以下的步驟是必要的。

第一，彈奏，並用踏板抓住第一個和弦。

第二，當彈奏下一個和弦時，抬起踏板。

第三，聽新的和弦的聲音，在琴槌重新打擊琴弦的剎那，製音器應該已經制止了原來和聲的聲音。

第四，當手指繼續按住琴鍵時，重新踩下踏板。耳朵仔細聽，要讓和弦之間很清楚、很乾淨，沒有以前的和聲留在其中。

第五，每個新的和弦都重複以上過程。

切分踏板法：在鋼琴演奏中換踏板，聲音突然完全制止，有時可以從前面一個音或部分音中帶過來一部分聲音。在換踏板時，製音器應在重新抬起之前瞬間觸及琴弦。

顫音踏板法：顫音踏板法又稱為抖動踏板法，是一種快而淺的換踏板動作，就像小雞啄米一樣，它能讓製音器碰觸琴弦，達到既不讓聲音完全止住，又讓琴弦不完全振動的效果。

踏板作為鋼琴的靈魂，包含了許多應用技巧。演奏者在掌握一定的基本踏板法的前提下才可獲得技巧的藝術性。踏板技巧應用於不同風格、不同作品時，應該加以不同的處理。運用踏板的最終指導者是耳朵。只有敏銳的音樂耳朵，才是演奏者最可靠的指導。掌握好使用踏板的技巧，會大大增強鋼琴演奏的表現力、感染力，使樂曲更具生命力。

本章小結

- 沒有一種絕對正確的手形，也沒有一成不變的標準手形，只要適應音樂表現需要，任何演奏手形都可以被認為是正確的。
- 手腕是彈奏鋼琴時的力度調節器，手腕放鬆是訓練非連奏、連奏以及斷奏（跳音）的基礎，對以後的演奏技巧訓練和樂感處理都起到至關重要的作用。手腕放鬆，手指尖立住，手形自然就好了。
- 將五線譜形像化、語言化、故事化，而不是讓孩子們去死記硬背，他們反而很容易就記住了。
- 在學習中一定要唱譜子，把譜子唱出來也有助於識譜。
- 8歲之前練耳，可能8個月就能完成；8歲以後，花4年還不一定能完成。
- 在演奏中，運用右踏板，不但可以使已經彈下去的音繼續鳴響，同時也能讓被解放的空弦與之產生共鳴，使聲音更為洪亮。左踏板常被用於增加聲音的柔和度，去掉音質中的雜質，起到使弦音減弱，變化音色的作用。在三角鋼琴中，中踏板的作用就是解放左手，有目的地降低彈奏難度。
- 腳踩踏板正確的方法是，用腳趾和腳掌交界處的位置踩踏板，因為那個位置能夠踩下的力度最大。

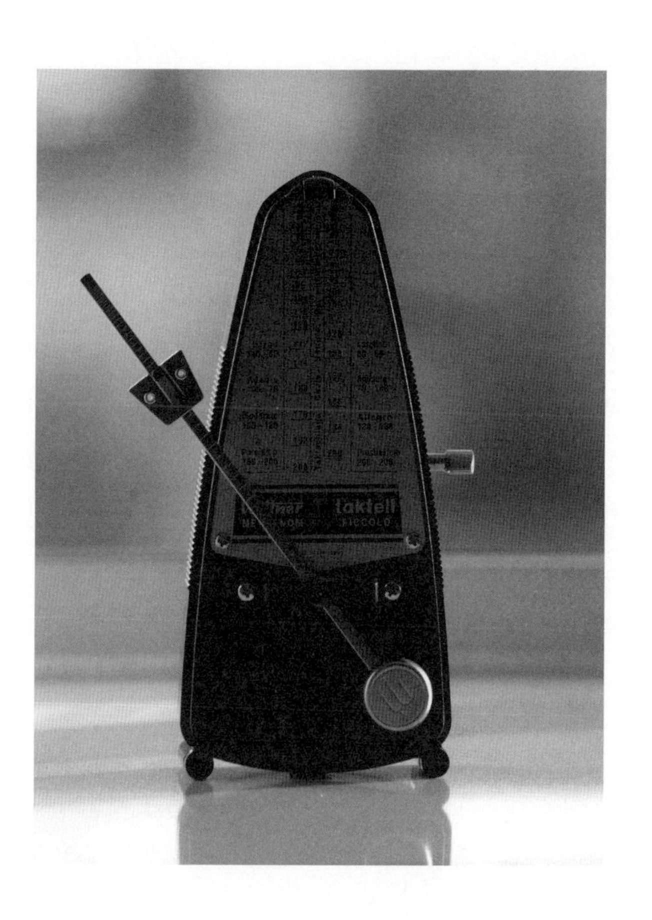
taktell
PICCOLO

第七章

讓孩子與鋼琴更合拍

節奏是音樂最基礎、最重要的部分。沒有節奏，再花巧的技巧也只能是無源之水，無本之木。所以一首優秀的鋼琴曲，節奏穩定是前提。

◆怎樣讓孩子更好地把握音樂的節奏？

常爸：我曾經參加過由孩子們進行演奏的音樂會，有的孩子在彈奏曲子的時候很流暢，但是有的孩子彈得時快時慢，節奏感不太好。有的家長也説，孩子在看譜子的時候，比較注重音符，也就是音的高低，對於節奏常常會忽略，即使不忽略也把握得不太好。那如何讓孩子把音符這種符號與節拍、節奏感更好地相結合呢？

高橋雅江：針對這個問題，我會用之前提到過的達爾克羅茲教學法，讓孩子用數學的方式了解音符的長短，還可以運用肢體把聽到的節奏表現出來，也就是用動態的模式來感受音符時值，比如通過走和跑的遊戲幫助孩子來理解。

先讓孩子按照正常的速度走，接着跑起來，讓孩子體會這兩種狀態的頻率。

然後我會在孩子「走」的時候，彈四分音符的音樂；「跑」的時候，彈八分音符的音樂。讓孩子感受相同時值裏節奏的變化。

接着我會直接讓孩子自己來聽節奏，根據聽到的音樂節奏來判斷是「走」還是「跑」。

最後當孩子感受到節拍的頻率時，我再告訴他，那個是四分音符，那個是八分音符。如果是二分音符，「走」的速度會更慢，步子會跨得更大，身體在空間中運動需要的時間會更長一點。

用這種感知節奏的方式，孩子們自然而然就能夠理解節奏和音符之間的關係了。

常爸：對於節奏感不好的孩子，平時怎麼練習、加強呢？

高橋雅江：我們要弄清楚甚麼是節奏感。其實人天生都有節奏感，比如小孩子聽到節奏感強的音樂，就會跟着節奏晃動身體。在生活中也有許多有節奏的事物，比如我們自己的脈搏，勻速走路或勻速跑步時它的跳動都是有節奏的。

節奏感包含兩個方面，一方面是一種律動，即保證每一拍的時間相等；另一方面就是對於重拍的感覺。節奏感的基礎，是拍感準確，也就是能準確掌握每拍的時值。關於所謂的節奏感不好，其實主要有三方面原因。

第一，不能準確識別音符的時值長短，比如無法控制四分音符、二分音符的相對時值。

第二，彈奏時不能將旋律控制在勻速的節奏中，會無意間忽快

忽慢地改變曲子的速度。

第三，缺乏對於節奏的律動感，也就是生硬地彈奏，使曲子聽起來沒有流動性。

那怎樣去練習或解決這些關於節奏的問題呢？

第一，平時在練習的時候，一定要做到邊彈唱邊數拍子。這是為了控制彈奏時節拍的準確性，同時還可以解決聽和唱的音準問題。

第二，多聽些節奏感強的音樂，堅持每天聽，久而久之就會有樂感。聆聽是一種享受，節奏感也是需要在聆聽中培養的，建議聽音樂的時候隨着音樂舞動身體。

第三，可以在聽音樂的同時，用手試着打拍子。一定要仔細聆聽歌詞中每一句重音的落點，這是很重要的，因為每一句重音的落點都是一個拍子的關鍵。久而久之，節奏感也就慢慢變好了。

第四，可以借助節拍器，輔助控制節奏。

節奏是音樂最基礎、最重要的部分。沒有節奏，再花巧的技巧也只能是無源之水，無本之木。所以一首優秀的鋼琴曲，節奏穩定是前提。

◆如何正確使用節拍器？

常爸：既然提到了節拍器，很多家長都會有疑問，孩子在哪個階段需要使用節拍器呢？平時練琴的時候需要一直開着節拍器嗎？

高橋雅江：節拍器是一種能在各種速度中發出穩定節拍的裝置。我們要知道節拍器在音樂學習的過程中起到甚麼作用。

第一，節拍器可以幫助孩子培養速度的概念。

第二，節拍器可以使演奏更完整、平穩，節奏更均勻。

第三，節拍器可以使孩子注意力集中，提高練琴效率。

第四，節拍器有益於孩子建立伴奏、聯彈、重奏、協奏意識。

因此，節拍器在鋼琴學習中有着重要的位置。但是拿到節拍器，很多人都會很疑惑：我們應該在鋼琴學習中的哪個階段使用節拍器呢？

一般我不會在一開始就讓孩子用到節拍器。剛開始學曲目，首要目標是彈熟。對於剛開始彈琴的孩子來説，看譜子、找琴鍵、注意指法、注意姿勢已經讓他焦頭爛額了，再在沒彈熟的情況下使用節拍器，不僅對練好曲目沒有幫助，反而會導致孩子的注意力被拉到節拍器上，降低他練琴的效率。

其實大多數曲目的節奏不會太複雜，可以讓孩子在練琴的時候邊看譜邊唱出拍子，慢慢做到「心中有拍」。當然，如果孩子自己練習的時候實在搞不清楚拍子，還是可以依靠節拍器的。

孩子把曲子練熟了，可以流暢地彈完整首曲子，節拍器就可以發揮更多的作用了，此時節拍器的主要作用是控制速度。孩子彈奏曲子時可以從頭到尾都開着節拍器，這樣能保證彈奏速度始終是一致的，如果不開節拍器，孩子很有可能把握不好速度，愈彈愈快。孩子跟着節拍器練過完整的曲子之後，應該就能夠做到在沒有節拍器的情況下用基本一致的速度彈奏整首曲目。

節拍器除了用來控制速度，還有一個功能是指定速度。我們彈奏的樂曲都有指定的速度，需要按照這個速度彈。彈奏時，可以先開節拍器聽幾拍，了解指定的速度，然後關掉節拍器接着彈；也可以開着節拍器彈奏整首曲子。具體如何使用節拍器要看孩子的實際情況。

總之，節拍器在平時練琴、教學中，都是可以使用的，就是不要過分依賴。當孩子知道正確的節奏以後，就要脱離掉節拍器。節拍一定要在心裏，不然彈出來的音樂缺少生命力，很容易就機械化了。

◆為甚麼要背奏？甚麼時候開始背奏？

常爸：我們看音樂會，發現鋼琴演奏者大都是不看着譜子的。那孩子在彈琴時應該看着譜子彈還是不看譜子彈呢？你覺得背奏從甚麼時候開始比較合適？

高橋雅江：我認為彈鋼琴要先視譜再背譜。剛開始接觸五線譜或者剛接觸新的樂曲時，不要急着背譜，先視譜彈奏，看得愈多就對這種新的語言愈熟悉。如果一開始就培養起了良好的視奏能力，將來彈新曲子的識譜速度就會快很多。

視奏很熟練之後，接下來才是背奏階段。分配好左右手的指法後，需要慢彈、多彈，讓肌肉慢慢地形成記憶，突然就會覺得不用看譜也能彈，但這一階段其實是在背鍵盤而不是在背譜，是手指的位置記憶。真正的背譜是通過邊彈奏邊唱譜，從而背下樂譜後可以隨意彈。背奏不是死記硬背，死記硬背是沒有用的，一定要心中有旋律。這也就是我為甚麼要求一定要邊彈邊唱，就是因為邊彈邊唱除了訓練音準、聽力、識譜能力，同時也是在加深對樂曲的記憶。

當孩子背下譜子後，我還會讓他閉上眼睛，像盲人那樣去彈奏。其實盲人在演奏樂器方面，準確率要比正常人高得多。因為他們看

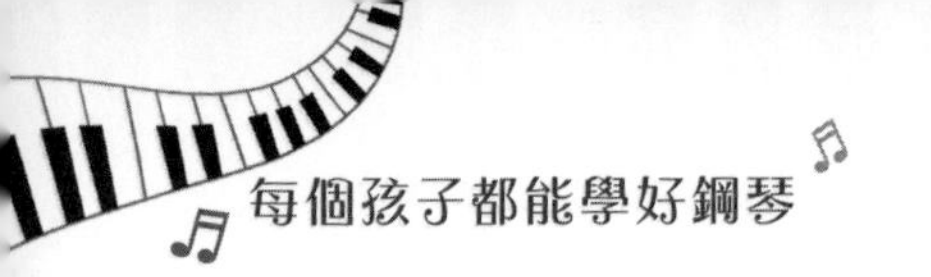

不見，所以他們對音符的位置都極其敏感、極其精準。用這種方式來訓練孩子，就是訓練他更好地掌握琴鍵的位置，提高他的準確率。

常爸：既然看譜子有好處，那為甚麼還要訓練背奏的能力呢？

高橋雅江：背奏在鋼琴學習中是必不可少的一課，是學生參加考試、比賽和演奏的先決條件。演奏者通過背奏，不僅可以牢牢地記住曲子有關的多個細節及曲子的構成，還可以從樂譜中解放出來，全身心地投入音樂，從而形成自己的想法、理解，融入自身情感，使音樂成為真正有生命力的東西。可以說，背奏是從彈奏技術到音樂表現的全面提高的過程，因此訓練背奏是很有意義的。

本章小結

- 讓孩子用數學的方式了解音符的長短，還可以運用肢體把聽到的節奏表現出來，也就是用動態的模式來感受音符時值。
- 節奏感包含兩個方面，一方面是一種律動，即保證每一拍的時間相等；另一方面就是對於重拍的感覺。節奏感的基礎，是拍感準確，也就是能準確掌握每拍的時值。
- 那怎樣去練習或解決這些關於節奏的問題呢？第一，平時在練習的時候，一定要做到邊彈唱邊數拍子。第二，多聽些節奏感強的音樂，堅持每天聽，久而久之就會有樂感。第三，可以在聽音樂的同時，用手試着打拍子。第四，可以借助節拍器，輔助控制節奏。
- 在沒彈熟的情況下使用節拍器，不僅對練好曲目沒有幫助，反而會導致孩子的注意力被拉到節拍器上，降低他練琴的效率。當孩子把曲子練熟了，可以流暢地彈完整首曲子，節拍器就可以發揮更多的作用了。此時節拍器的主要作用是控制速度。當孩子知道正確的節奏以後，就要脱離掉節拍器。
- 背奏不是死記硬背，死記硬背是沒有用的，一定要心中有旋律。這也就是我為甚麼要求一定要邊彈邊唱，就是因為邊彈邊唱除了訓練音準、聽力、識譜能力，同時也是在加深對樂曲的記憶。

陪練這件苦差事

有時候家長請陪練是為了孩子能夠跟上進度，但是比進度更重要的事情是學習的獨立性、主動性。

◆需要陪學陪練嗎？

常爸：現在，很多家長都是和孩子一起學琴，孩子上課時家長也在一旁聽課。上完課後，再請一位專業的陪練老師陪孩子練琴。你怎麼看待這種做法呢？孩子練琴的時候，父母一定要陪着或者找陪練老師陪着嗎？

高橋雅江：這要根據孩子的年齡和自控程度來決定，如果孩子的年齡很小，四五歲剛開始學習，家長可以協助一下，這是為了在家監督、引導，以及幫助孩子養成定時練琴的習慣。等孩子學琴走上正軌，家長就要逐漸淡出。

對於大一點的孩子，我不太贊同陪學陪練。為甚麼不要家長陪着呢？理由很簡單——假如孩子們到學校去上學，家長是否也會陪同？也會跟着去學嗎？答案肯定是不會的。

很多家長都會說：「我不跟着聽，孩子回家練琴時，我怎麼知道他彈得對不對？」那我想問一問家長朋友們，為甚麼一定要讓孩子做對呢？誰不是從犯錯中進步、成長的？家長應該正確面對孩子的錯誤，多試錯才能進步，才能學會總結經驗，這是成長必經的過程。

我不主張大孩子的家長陪學是有原因的。

首先，家長認為陪着孩子上課，回家可以更好地輔導孩子。但孩子就會認為：「我上課隨便聽聽就好，反正回家爸爸媽媽會告訴我的，我還要動甚麼腦子呢？」這樣特別不利於孩子的自主學習，甚至剝奪了孩子自我成長和自主探索的權利。長此以往，家長出腦子，孩子出手指，孩子便離不開家長這根「拐杖」了。

其次，很多家長不管孩子學甚麼都會跟着同步學，家長認為這是以身作則，可是無形中給了孩子很大的壓力。因為孩子的理解能力和控制能力畢竟不如成人，家長比孩子學得快、學得好，孩子會特別有壓力，而且脾氣不太好的家長更會給孩子施壓：「你看，我都學會了，你怎麼還學不會、學不好？」

當然，我不是說大孩子的家長不陪學，就乾脆甚麼都不需要做了。

其實這時候最需要家長充當一個角色——啦啦隊員，積極肯定孩子的努力和成果。孩子的源動力來自家長及時的肯定和鼓勵。孩子「千辛萬苦」地完成了一首曲子，一定要誇獎；或者可以轉變一種獎勵方式，比如陪孩子看一場電影、一場音樂劇等。用一些能讓孩子放鬆、舒服的方式來鼓勵他，我覺得這才是最好的陪，而不是

在學習的過程中陪。

至於是否要請陪練老師，要因情況而定。如果家長確實不懂鋼琴，孩子有不懂的地方也無法隨時聯繫老師，請陪練老師也可以，但要注意選擇專業、靠譜、懂教育的老師，線上線下的都可以。但最終的目標還是希望孩子能夠自主練琴。學習的主體還是孩子，需要孩子主動積極地動手動腦。

我有一個學生，他剛找我學琴的時候完全要靠陪練老師，老師告訴他彈甚麼他才會彈甚麼，上課的時候自己甚麼都不記。我當時就直接跟他和家長説，希望他可以獨立練琴，不要依靠陪練。他的家長很擔心，説孩子完不成作業、理解不到位會拖慢進度。我説，進度慢沒關係，關鍵他要學會獨立學習、獨立完成。剛開始不依靠陪練老師的時候，他是非常不適應的，因為他已經習慣了這根「拐杖」。前面一個半月他都完不成作業，練習曲也彈錯，和弦也彈錯，他自己也很沮喪。我就鼓勵他説：「沒關係，老師看得見你在進步，因為這些都是你獨立完成的。」三個月以後，他的學習速度就提上來了，同時也不再需要任何陪練了。

所以，請不請陪練還是要根據孩子和家庭的具體情況來決定。有時候家長請陪練是為了孩子能夠跟上進度，但是比進度更重要的事情是學習的獨立性、主動性。

◆如何培養孩子練琴的獨立性？

常爸：是啊，很多時候家長面臨的問題就是：「沒有我或者陪練老師陪着，孩子就不練琴。」你能跟我們分享一下你培養孩子練琴獨立性的方法、秘訣嗎？

高橋雅江：我們總說要培養孩子練琴的獨立性，讓他們自己的事情自己做，但是做起來就不是那麼回事了。光喊口號是沒有用的，該放手時就要放手。練琴的獨立性其實就是養成良好的學習習慣。想要讓孩子成為一個獨立性強的人，不妨試試下面幾種方法。

一、自己的事情自己做

每個人都有自己的職責。學習是孩子自己的事，我的主張是相關事情都要孩子自己做，比如，去學校上課應該自己背書包，上課下課時應該自己收拾琴譜。這些看起來是很小的事情，其實，我們是在培養孩子的大品格——責任感。日常生活中，很多屬孩子自己的事情家長都在包辦、代替，那到練琴和學習的時候，孩子的獨立性自然就差。

二、養成良好的練琴習慣

應該讓孩子知道練琴跟刷牙洗臉一樣不能疏忽，一定要堅持每

天練琴。如果遇到特殊情況沒練成，一定要補練。在練琴之前，包括上課之前，一定要讓孩子做好準備工作，上廁所、洗手、喝水等小問題都解決完了，再開始進入學習狀態。這樣既能節約時間，又養成了良好的學習習慣。

三、合理安排練琴時間

孩子練琴需要制訂練琴計劃。家長不妨和孩子一起制訂一張練琴時間表，將練琴時間分為多個範圍，例如新課練習時間、基礎技能時間、保留曲目練習時間等，幫孩子確定練習時間，讓孩子按照固定的時間和順序來練琴。

説到練琴的時間，我要提醒一下，琴課後當天練琴非常重要。上完琴課後，許多孩子和家長一般都不在這一天安排練琴了，但其實剛上完鋼琴課，是孩子領會老師所講的知識點記憶最牢固的時刻，到了第二天可能就忘了一半了，所以上完課當天練琴是孩子在一周中收穫最大的一次練琴，應該好好利用這段時間，這樣會使孩子在更短的時間裏獲得最好的練琴效果。

本章小結

- 對於大一點的孩子，我不太贊同陪學陪練，理由很簡單——假如孩子們到學校去上學，家長是否也會陪同？也會跟着去學嗎？答案肯定是不會的。
- 練琴的獨立性其實就是養成良好的學習習慣。
- 上完琴課後，許多孩子和家長一般都不在這一天安排練琴了，但其實剛上完鋼琴課，是孩子領會老師所講的知識點記憶最牢固的時刻，到了第二天可能就忘了一半了，所以上完課當天練琴是孩子在一周中收穫最大的一次練琴，應該好好利用這段時間，這樣會使孩子在更短的時間裏獲得最好的練琴效果。

Part 5
7~9歲 讓痛苦成為熱愛

第九章

堅持是成功路上的不二法門

遇到問題，一定要先跟孩子立好規則——你要堅持下去，不能輕言放棄。緊接着最重要的是找到原因，解決問題。

◆孩子學琴遇到瓶頸期，學琴熱度降低，怎麼辦？

常爸：我有個朋友家的孩子學習鋼琴也有幾年了，最近突然就不想學了，對彈鋼琴怎樣都提不起興趣。很多琴童也會遇到這種情況，在學習過程中，遇到一些問題一直繞不過去，導致停止不前，又找不到突破口，因此就出現半途而廢的情況。當孩子學習鋼琴進入瓶頸期，學習熱度降低時應該怎麼辦呢？

高橋雅江：首先我們要知道，孩子遇到了瓶頸期，這個瓶頸是甚麼？是因為練琴時某個技巧跨不過去？學業壓力大？還是比賽失利，喪失自信心？又或者根本不知道自己如何再更進一步學習？我們得先找到問題所在，然後才能對症下藥。

很多孩子在練琴期間半途而廢，很大一部分原因是找錯了老師。一位不懂得與孩子溝通的老師，會給孩子童年的學琴之路蒙上一層陰影。一位合格的鋼琴老師一定能夠教會孩子怎麼在學習中獲得樂趣、開發想像力，而不是只注重教技巧。

我之前遇到過一個學生叫Y，她最開始是在別的老師那兒學琴，後來轉到了我這裏。她來我這裏學琴的時候就已經不愛練琴了，她媽媽也把我這兒作為最後一站，意思就是她能學下去就繼續，學不下去就放棄了。

那時候，我給她上課都會放慢進度，比如彈到難的曲子，就讓她逐句練習，讓她把想表達的東西表現出來，讓她覺得之前對她來説有難度的曲子都有能力完成。同時還激發她對音樂的想像力，讓她把現實生活中的情景用音樂表現出來。比如，她喜歡在操場上踢足球，我就讓她用鍵盤表現踢足球拐來拐去，把球傳給別人或者踢進球門的情景，她覺得特別有意思。我通過這些方法，營造出一種比較輕鬆的學習氛圍，讓她去感受音樂，對音樂有形象的了解，慢慢地她又重拾了對鋼琴的興趣。後來她以優異的成績考入美國的曼克頓音樂學院並獲演奏碩士學位。

因此，當孩子學琴遇到瓶頸時，我建議按如下方法來做。

首先，我主張讓孩子及時跟老師溝通，而不是家長代替孩子和老師交流。因為家長並不是當事人，與孩子之間存在着一定的信息理解誤差。其實遇到任何難點、任何困難，都應該讓孩子主動來講。只要孩子肯問，我相信好的老師都會回答。我在教學中就會認真對待孩子的每一個問題，如果遇到我答不出來的，我也會去請教比我還有辦法的老師。

其次，我認為孩子不論甚麼年齡階段，遇到瓶頸期是好事。家長不應該覺得害怕、緊張，更不應該覺得「完了，不想發生的事情發生了」。如果一個孩子從小到大，學習路徑都是直線上升的，都是一路順境，那對於這個孩子來說未必是件好事。

我的一個學生 E，已經是美國西北大學音樂學院的博士生了。我非常佩服和感謝她的爸爸。這個孩子是從 4 歲開始跟我學琴的。從開始學琴到畢業，她沒有請過一次假。哪怕孩子發着燒，她爸爸都是將她裹上棉被帶過來，上完課繼續將她裹上棉被帶回去「吊鹽水」。當然，我不是說孩子生病也必須堅持上課是一件多麼值得稱讚的事情。但是她的爸爸為甚麼要這樣做？我相信他是在教孩子甚麼叫堅持。堅持是一種信念、一種責任，更是不可或缺的精神力量。

他說：「既然孩子選擇了學鋼琴，我認為不管她最後能走多遠，都應該先堅持下去。」不是說他的孩子就沒有遇到困難、遇到瓶頸期，她同樣也遇到了。可是她爸爸對我說：「我們相信你，我們按照你所說的來做。遇到困難不怕，先想辦法。你想你的辦法，我想我的辦法，我們一起幫助孩子。」我很感謝這個家長，因為有了他的信任，有了他的堅持，才有了這個孩子的成功。

遇到問題，一定要先跟孩子立好規則——你要堅持下去，不能輕言放棄。緊接着最重要的是找到原因，解決問題。

很多孩子遇到的第一個瓶頸是難，包括練琴困難、識譜困難、彈奏技術難。那麼如何正確面對孩子的這個瓶頸期呢？首先要及時與孩子溝通，然後配合老師，調整時間，調整教材，調整孩子的狀態。我覺得只要家長、老師、孩子共同配合、共同努力，就能克服瓶頸。

常爸：那你在學琴的時候有沒有遇到過瓶頸期？你是怎麼克服的呢？

高橋雅江：瓶頸期不一定只是在練習、學習過程中才會有，我覺得比賽、演出、考試也是會有瓶頸的。我可能就是屬遇到比賽瓶頸的那種，因為過於追求比賽成績，所以落下了上台就會緊張的毛病。

大概是在上小學三四年級的時候，有一次比賽前我懶惰了，家長也沒有監督我學習，於是我一個星期都沒有練琴。到了比賽的時候，從未掉出過前三名的我，只拿到了第四名的成績，原來排名在我後面的同學都超越我拿了第三名。那一次的成績對我造成的打擊確實是很大的。後來，我再也不敢不練琴了。可就是那次比賽後，我覺得突然間自信心崩塌了，導致之後一上台就緊張。

常爸：後來你是怎麼調整的？

高橋雅江：我知道比賽失利是自己的原因導致的，但也許是心

態沒有調整好，從那時候開始，我一上台就會緊張——上台前不停地要去洗手間，在演奏的過程中腳會不受控制地抖，我自己都沒有感覺到。彈奏進入狀態後我就會恢復正常，但是在開始的一小段時間裏還是會緊張。我的老師就告訴我，恐怕我的職業演奏生涯要就此中止了，因為一個成功的演奏家不應該是這樣的。

那時候的我很沮喪。我的專業很好，我認為我應該站在舞台上，應該當演奏家。後來我的老師也一直開導我、鼓勵我，他說當不了演奏家也沒關係，還可以當專業老師。我的老師很了解我，他發現我特別喜歡問問題，如果我有疑問，會第一時間打電話問他，也會在他休息的時候去打擾他，和同學們在一起上課時，我在提出問題的時候還會伴隨着解決方案。

於是，我的老師就說：「你不妨嘗試去做個鋼琴老師，但並不是說當個老師就可以鬆懈、不練琴了，想當老師，你需要更努力、更堅定地走下去。」這一走就走到了現在。後來我總會想，如果當時我就放棄鋼琴和小提琴，可能也就一事無成了。

再後來，我當了老師，開始帶孩子們出去比賽。當孩子比賽失利的時候，我通常會跟他們說：「你在進步的時候，別人也在進步。一次失利不算甚麼，但是我們應該靜下心來分析失敗的原因，是因為這次的曲目不如人，難易差很多，還是我們練習的時間不夠，技術不如人……」對於我來說，我會先分析原因。一定要細細地跟孩子分析清楚，不要拐彎抹角、模棱兩可地說。

其實遇到瓶頸期主要是要學會調整心態。一次比賽失利，孩子有可能幾個星期或者一個月都處於低迷狀態，這都是很正常的。反省過後，就要開始給他加油了，我會跟孩子説：「不管你拿沒拿到獎，這一頁我們都翻過去了，以後重新來過。」

我認為學習音樂也好，學習其他學科也好，都應該是從快樂出發。因為在快樂中的堅持，才會讓人慢慢地有熱愛、有激情，才會讓人願意往下走。如果這個孩子是一個喜歡音樂的孩子，我相信他的瓶頸期也許沒有那麼明顯、誇張，也許在無形中就過渡了。

◆孩子想要放棄時，家長應該逼孩子堅持下去嗎？

常爸：有的孩子學到一半，不論是因為甚麼原因，就堅決地説：「我不想學了！」家長應該怎麼辦呢？

高橋雅江：我也遇到過這樣的學生，也許是不愛，也許是沒有時間，反正是因為某些原因，停止了鋼琴的學習。但是過了幾年，當他看到當年跟他一起學琴的朋友堅持下來了，並且還彈了一手好琴的時候，他就受到了刺激，反過來還埋怨自己的父母為甚麼沒讓

他堅持。父母說，當時也徵求了他的意見啊！結果孩子說：「我是個孩子，我怎麼知道該如何選擇？」

其實放棄學習鋼琴的孩子中有 90% 長大後都會後悔，尤其當他們看到別人能夠流暢地演奏時，心中不免會聯想到自己。

如果孩子在叛逆期、瓶頸期的時候想要放棄，父母這個時候不要過分拘泥於細節，要用輕鬆的方式激發孩子的興趣，還要和孩子講好：我不逼你是因為我尊重你的想法；我逼你是因為在這個時期你出現了一些小問題，我需要採取一些措施幫你渡過難關。我認為這才是比較健康的教育方式。

父母逼與不逼，其實在於父母是否堅持。比如，有的孩子已經對鋼琴形成了熱愛，他沒有停止的時候，父母就完全不用操心。有的孩子因為一些原因出現問題了，那麼他必然就會停止腳步，不前進，甚至想放棄。這時候，對於父母來說，可能需要採取一些軟強制的方法。

我之前看過一個節目片段，是兩個藝人之間的對話。一個男歌手，他本身會拉小提琴，也會彈鋼琴，發展很全面。

另一個女藝人就問他：「你是小時候被父母逼着學琴的嗎？」

「對，被逼着。」

「那你小時候願意嗎？」

「我不願意，一直到我十一二歲，都一直不想拉，後來我參加了第一個比賽，從那個時候就開始喜歡了。」

「那你現在覺得感謝父母嗎？」

「非常非常感謝。」

然後那個女藝人説了一句話：「為甚麼當初沒有人逼我？」

從這句話中我感受到了女藝人的不甘和懊悔。孩子想退縮、想放棄，也不難理解。經年累月、風雨無阻地每周去上課，很多父母只是陪着都會覺得又累又煩，更何況是去上課的孩子呢？可是，如果這個時候，我們輕易地讓孩子打了退堂鼓，孩子很可能會在將來後悔：當初的自己為甚麼沒能咬咬牙堅持下去？我們也會自責、內疚，為甚麼當初沒能逼孩子一把？

我們培養孩子不是為了讓他成為專家，而是讓他有機會活得更好，可以收穫幸福。

常爸：高橋老師，可能我還是比較執著，我就是想替那些家長再追問一下，如果孩子確實很長一段時間都學不進去，並且很痛苦，那也要堅持嗎？

高橋雅江：如果孩子實在不愛彈鋼琴，父母竭盡全力孩子還是不願堅持，那此時停止鋼琴的學習也未嘗不可。停止鋼琴的學習並不代表就此結束音樂生涯，也許通過一段時間的鋼琴學習，孩子成了音樂愛好者；也許孩子過段時間或幾年之後，又會重拾對鋼琴的興趣。學任何東西，任何時候學都不晚，重要的是要享受過程。

我有一個朋友的孩子，她在唱歌方面非常有天賦，6 歲的時候就考進了一個很好的合唱團。她媽媽讓她學鋼琴，因為鋼琴對於歌唱也是很有幫助的，可這個孩子就是不喜歡，硬着頭皮學了兩年多，實在是學不下去。有一次，她去錄音室錄音，看到一個歌手在彈結他，她跟着擺弄了幾下，居然能彈出幾小節旋律。她特別興奮，就跟她媽媽説要學結他。這一學，就真的學了下去。她之前在學鋼琴時學的那些樂理知識，在學結他的時候也用上了。而且，她也沒有放棄鋼琴，因為兩樣樂器有相輔相成的地方。所以，如果孩子不喜歡鋼琴，也可以讓他嘗試一下別的樂器，比如夏威夷小結他、非洲鼓等比較容易上手的樂器。

常爸：有一個同事也跟我講述了她自己的經歷。她小的時候，爸爸媽媽讓她學鋼琴，她就是不愛練琴，不到一年就放棄了。升到初中以後，她發現班裏的同學，有的會彈琴，有的會畫畫，有的會跳舞，她自己甚麼都不會，沒有特長，她覺得很沮喪，就跟爸爸媽媽主動要求重新開始學鋼琴。結果，僅用三年時間，她就考過了鋼琴十級。

高橋雅江：是啊。人生是一場長跑，家長別只看一時。有時候可能就是孩子跟音樂的緣分未到，別心急。

◆度過瓶頸期有哪些小竅門？

常爸：對於那些還要繼續學習鋼琴的孩子，如何度過瓶頸期？你可以給家長提供一些具體的方法、竅門嗎？

高橋雅江：家長可以嘗試下面這些方法。

第一，給予孩子足夠的自由發揮空間和信心。

孩子遇到困難時，家長一定要認可孩子付出的努力，並加以鼓勵。允許孩子自由發揮一段時間，可以先從自己感興趣的曲子開始練。要注意不必過分拘泥於細節，讓他盡興地發揮，尤其注意不要讓孩子覺得鋼琴課是持續不斷的疲勞作戰。有時，家長覺得孩子不能彈下整首曲子就表明其水平在停滯不前，事實上，往往自由練習一段時間後，孩子很快就能度過瓶頸期並提高水平。

第二，每天打卡，防止出現大規模的休息空隙。

功課多了、生病了、情緒不好了都不應該成為不練琴的理由。哪怕是坐在鋼琴前練習一首曲子，哪怕只練習 5 分鐘，我認為這都是有毅力的體現。如果孩子無論遇到甚麼困難都能夠利用 5 分鐘來練習鋼琴的話，那麼他在日常生活中必定會養成珍惜時間的觀念，也就必定能安排出練習的時間。哪怕只有很短的時間，他也會用來練習鋼琴。

第三，放平心態，正視瓶頸期。

家長的情緒不要過於激烈，嘮叨、負面情緒都會無形中讓孩子感受到壓力。正視孩子學鋼琴時的錯處，幫助孩子度過瓶頸期，這才是家長們應該要做的。一味地將負面情緒釋放到孩子身上沒有任何好處，反而會讓孩子愈來愈厭煩。家長跟老師就此交流也不要當着孩子的面，這個很重要。當然，家長們的心態放平了，孩子們才會更有信心堅持下去。學習到最後才是快樂、才會快樂、才懂快樂。

◆想要在演奏路上更進一步，甚麼最重要？

常爸：當有些孩子具備一定演奏能力的時候，怎樣才能幫助他們更上一層樓？老師和家長該怎麼做呢？

高橋雅江：當孩子有一定能力的時候，除了努力練習，還要聽和討論，這兩點非常重要。聽音樂會、聽音樂、看 DVD、看資料，然後和老師一起去分析、討論，甚至爭論。比如一首曲子，孩子聽的感覺跟我聽的感覺肯定不一樣，雖然他是我的學生，但他也有他這個年齡段的理解。我可以從爭論的過程中知道，他和我在哪一方面是有分歧的，哪一方面比我的理解還好。在爭論的過程中他也獲得了很多東西，我也用這些方法幫助他更上一層樓。

常爸：很多孩子很喜歡演奏樂曲，但是不喜歡練習曲和音階的彈奏，因為旋律枯燥又乏味，缺少欣賞性。手指練習到底重要嗎？

高橋雅江：在鋼琴教學中，大多數孩子最不喜歡的就是音階練習。雖然音階、琶音彈起來枯燥乏味，不容易有立竿見影的效果，但是因為鋼琴演奏技能性很強，在學習過程中必須進行長期且大量的手指練習。如果孩子從小就缺乏這種扎實的訓練，那他在今後的鋼琴道路上也無法取得更大的進步。

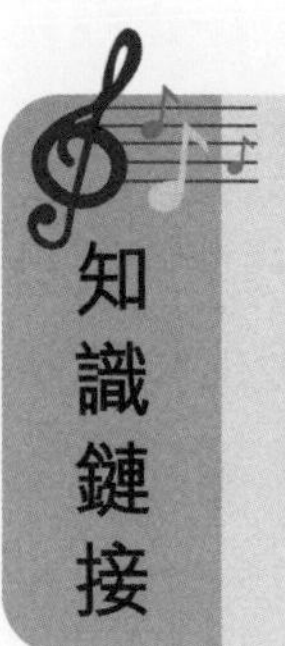

琶音（arpeggio）指一串和弦音從低到高或從高到低依次連續奏出，可視為分解和弦的一種。通常作為一種專門的技巧訓練用於練習曲中，有時作為短小的連接句或經過句出現在樂曲旋律聲部中。

常爸：所以，想要彈好樂曲的前提就是要先練好基本功，是吧？那麼，用甚麼方法、技巧能讓練習達到事半功倍的效果呢？

高橋雅江：我分幾點來説。這也是我通過多年學習和教學總結出來的。

第一，24 個大小調音階練習。音階是由 24 個大小調式組成的。要將音階彈得速度快又力度強，不是短時期練習就能達到的，從很慢速到快速彈奏，必須堅持長時間努力苦練。如果 24 個大小調音階彈得流利，彈奏樂曲的流暢性自然會水到渠成。重點要掌握手指控制力量的能力，讓彈出來的所有聲音都一樣均勻，不能有輕有重。如果沒有這種訓練，日後必定無法表現出美妙的音色。

第二，練完音階就要練習 24 個大小調的琶音跟屬七、減七的琶音。琶音是和弦的一種形式，在歐洲古典音樂中，琶音類與和弦類的轉位、進行式的訓練非常普遍。練習琶音時，要求手位迅速轉移，訓練手指的擴張和伸縮能力，同時還需要手腕靈活地協調配合。

第三，訓練輪指彈奏。輪指彈奏就是用不同的手指彈奏相同的音，這個彈法需要手指有很高的靈活性和技巧性，有一定的手指控制能力才能很好地掌握輪指彈奏時的音響效果。常用到的輪指彈奏有三個手指彈的，也有四個手指彈的。在輪指彈奏的時候要有清晰的顆粒感，切忌任何模糊。當每個手指彈奏同一個音的時候，它的重量位置一定要隨之挪動，這是輪指彈奏的第一個動作要領；第二個動作是手指第三關節向下的彈奏；第三個動作是手指彈奏過後，向手掌收攏或者向旁邊移開，把位置讓出來。

第四，和弦彈奏的技術難點在於手指觸鍵時，合奏出的和弦音必須在同一時間發出聲音，手指下鍵動作必須整齊合一。再弱的和弦演奏音也要顆粒輕巧、幹淨俐落；大聲的和弦更要有金屬般的渾厚聲音，絕對不能發飄。在手指進行和弦下鍵時，需要有對第三關節與手指的堅實、牢固的把握，有意識地掌控和調節每個手指的下鍵重量和下鍵高度，還需要耳朵敏銳的聽辨配合，才能夠有把握控制和弦的每個音相對整齊、步調一致，進而控制每一個和弦音的相對音量。

第五，八度技巧是鋼琴演奏技巧中重要的一項。為了比較容易地掌握八度技巧，可以先從八度以內的音程練起，以一指、五指能夠同時自然支撐為準。如六度音程，先學習用落滾的方法來彈奏。一指和五指的支撐狀態應當提前準備好，使整個手掌成為一個整體，並在彈奏的過程中始終保持住，即使是在手腕抬起時也不應該鬆懈。在彈完第一個音後直接擺動到第二個音的位置上，手指是貼住鍵盤的，然後手腕向上帶起，手腕向上時要將手臂中的力量傳遞到鍵盤上。掌握好用一個力量彈奏兩個音之後，就可以逐漸擴大範圍，最後達到八度音程。

手指練習是每天不可省去的部分，其重要性相當於蓋房子時打地基。在每天的練琴過程中，需要均衡進行手指練習和樂曲練習，

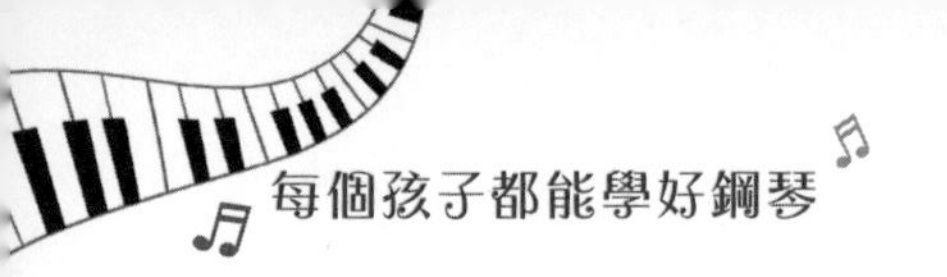

保證手指練習的時間。只有打好了基礎，掌握了基本技能，才能彈出美妙的音樂，使樂曲大放光彩！

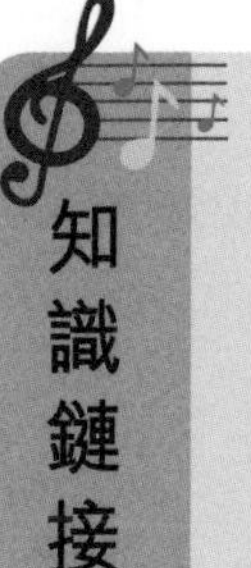

知識鏈接

音程是指兩音之間在音高上的距離。兩音同時發出聲響，稱為和聲音程；兩音先後發出聲響，稱為旋律音程。音程下方的音稱根音，上方的音稱冠音。

◆學鋼琴和學業發生衝突時，應該怎麼辦？

常爸：我們接着來聊聊效率的事。這個時代的小朋友，學一門課外特長已經成為常態了。但是做功課也是讓人頭疼的事情，如果孩子效率不高，一個晚上可能功課都做不完，更不要説練琴了。那麼，當學鋼琴和學業發生衝突的時候，應該怎麼辦呢？

高橋雅江：我也曾遇到過這樣的學生，也可能是功課任務太過繁重，也可能是興趣班太多時間不夠用，家長就希望停掉鋼琴的學習。很多時候，說忙的是家長，說放棄的也是家長。其實大部分孩子對於小學階段的功課還是可以應付的。事實上也並沒有發現哪個放棄學琴的孩子，由於不用再練琴了，成績就上去了。孩子課業緊張，也不要輕易捨棄興趣。避免沒效率的練琴，可以嘗試以下方法。

第一，不要等所有的功課都做完再考慮練琴，要把練琴當作功課。不要因為做功課，而把好不容易養成的好習慣荒廢了。有的孩子為了逃避練琴，會不斷拖延做功課的時間，因為他知道時間晚了，媽媽就不讓自己練琴了。長此以往，不但琴沒有練好，功課也做不好。最好放學回到家第一件事就是練琴，練完琴後再開始寫作業，這樣兩件事的效率都會大大提高。

第二，讓孩子學會獨立練琴，不要等家長回來後再練。幫助孩子學會拒絕拖拉，一心一意抓緊時間練琴、做功課。這樣不但有時間練琴，還會有很多時間學習其他的課外知識。

第三，和鋼琴老師規劃、調整練習內容，科學安排練琴時長，或者降低學琴的難度，增加興趣曲目，幫助孩子度過這段時期。

有多少家長想過，自己如果每天花同樣的時間在同一件事情上，長年累月後會取得怎樣的效果？我們的孩子也是如此。良好的學習習慣和行為習慣會促使孩子由他律走向自律，促進孩子「學」「藝」相長，課業與鋼琴並重。

本章小結

- 我認為學習音樂也好，學習其他學科也好，都應該是從快樂出發。因為在快樂中的堅持，才會讓人慢慢地有熱愛、有激情，才會讓人願意往下走。
- 如果孩子在叛逆期、瓶頸期的時候想要放棄，父母這個時候不要過分拘泥於細節，要用輕鬆的方式激發孩子的興趣。還要和孩子講好：我不逼你是因為我尊重你的想法；我逼你是因為在這個時期你出現了一些小問題，我需要採取一些措施幫你渡過難關。
- 我們培養孩子不是為了讓他成為專家，而是讓他有機會活得更好，可以收穫幸福。
- 度過瓶頸期的竅門：第一，給予孩子足夠的自由發揮空間和信心。第二，每天打卡，防止出現大規模的休息空隙。第三，放平心態，正視瓶頸期。

- 當孩子有一定能力的時候，除了努力練習以外，還要聽和討論，這兩點非常重要。
- 鋼琴演奏技能性很強，在學習過程中必須進行長期且大量的手指練習。
- 避免沒效率的練琴，可以嘗試以下方法：第一，不要等所有的功課都做完再考慮練琴，要把練琴當作功課。第二，讓孩子學會獨立練琴，不要等家長回來後再練。第三，和鋼琴老師規劃、調整練習內容，科學安排練琴時長，或者降低學琴的難度，增加興趣曲目，幫助孩子度過這段時期。
- 良好的學習習慣和行為習慣會促使孩子由他律走向自律，促進孩子「學」「藝」相長，課業與鋼琴並重。

第十章

打怪練級那些事

考級是為了鼓勵學習，或者檢驗水平而存在的，換句話說，應該為了讓孩子學得更好而考級，而不是讓孩子為了考級去考級。正確的觀念應該是孩子學得很不錯，可以參加考級看看自己的程度，同時了解一下別人的水平

◆如何正確對待考級這件事？

常爸：學鋼琴就要考級，彷彿已成為定律。你對考級怎麼看呢？

高橋雅江：如果家長將鋼琴考級的最高級別設定為鋼琴學習的終點，那我是不太支持孩子去參加考級的。許多年前，我曾應一名家長的強烈要求，讓她零基礎的孩子只用 6 個月就考下了別人需要 6 年才能考下的鋼琴六級，但是這個孩子對音樂沒有感受，許多知識點掌握得不扎實。家長一味讓孩子奔着考級而去，全然忽略了真正的學習過程。

我們要明確考級是為了甚麼。鋼琴考級的本意是對學琴者的學習程度和質量做一個考評，主要衡量兩個方面，一個是技術，另一個是藝術。學習鋼琴一段時間後，確實是可以通過這種方式來鼓勵、激勵或者評價孩子。但是因為時代慢慢在變化，人的競爭意識也增強了，出現了一些扭曲的攀比現象——你的孩子考幾級了，我的孩子考幾級了……彷彿級數的高低成了衡量孩子學得好不好、老師教得好不好的標準。

有多少考完十級的孩子，連一首簡單的曲子都不敢彈，連曲譜裏的升降是甚麼都不清楚，更不要説曲式分析，甚至創作了。這樣的十級除了是一紙證明，一個可以炫耀的談資，又有甚麼用呢？

常爸：確實會有這樣的問題。我有一個朋友，他小時候學了幾年鋼琴，大概在上初中之前就考了十級。考完十級以後，他就不再彈琴了，更沒有表演的能力。這麼説，考級是不是一點好處都沒有呢？

高橋雅江：考級也不是沒有好處的。無論孩子學得好與不好，上台測試一下都不是壞事。孩子如果彈得好，拿到優秀的成績，家長及時鼓勵，可以讓孩子再接再厲；如果彈得不好，甚至沒考過，我認為也不是壞事，可以幫孩子認識到自己的不足，激勵孩子進步，況且考級的備考過程也是一種鍛煉。

但有利就有弊，如果因為要應付考級，讓孩子在一定的時間內反復只練這幾首考級曲目，很容易把孩子的興趣練沒了。如果家長不能正確看待考級，一再給老師壓力，讓孩子必須考級，結果只能是老師加快孩子的學習進度，導致孩子的底子打不穩。

考級是為了鼓勵學習，或者檢驗水平而存在的，換句話説，應該為了讓孩子學得更好而考級，而不是讓孩子為了考級去考級。正

確的觀念應該是孩子學得很不錯，可以參加考級看看自己的程度，同時了解一下別人的水平。孩子對自己有了更清楚的認識後，才能繼續努力。如果孩子因為要參加考級，反而磨滅了對學琴的興趣，那在我看來是一件得不償失的事情。

考級只是檢驗學習效果的一種手段，不要拿來評價孩子和老師的好與不好，需要降低功利性。

常爸：那如果孩子不參加考級，家長怎麼評定孩子的學習情況呢？

高橋雅江：如果你真的想要確定和證明孩子達到了怎樣的水準，我建議讓他多參加演出，演出形式很多，有家庭式、沙龍式、音樂廳式演出，還有小型彙報演出、大型音樂演奏會等；或者讓孩子多參加各類比賽，最好是國際比賽，國際比賽相對客觀和公平，水平也高一些。只要孩子的能力達到比賽的要求，都可以去參加。

怎麼衡量孩子的水準呢？就看演出時的表現。你的孩子的演出跟其他小朋友的演出有甚麼不一樣，差別在哪裏。如果能去參加比賽更好，尤其是國際比賽，你面對的不只是香港的孩子，而是全世界的。用這種方式衡量難道不是更直觀、更有效嗎？

◆不同國家的考級有甚麼不同？

常爸：你可以簡單介紹一下中國國內的考級機構嗎？

高橋雅江：中國國內的考級機構數量繁多，因為我擔任過中央音樂學院的評委，這裏就主要介紹一下比較權威的中央音樂學院的鋼琴考級。

中央音樂學院鋼琴考級由中央音樂學院考級委員會組織舉辦，各專業演奏水平定為 1~9 級，9 級後還設有演奏級。中央音樂學院鋼琴考級一年可考兩次，考試時間分別在寒暑假。考試時要考查音樂基礎知識，其中考 1~4 級的考生不需要持有音樂基礎知識考試的證書，報考 5 級及 5 級以上的考生，需要出示音樂基礎知識考試的證書。

當然，中國國內還有其他考級機構。例如中國音樂家協會鋼琴考級，也就是俗稱的全國鋼琴考級，是中國音樂家協會音樂考級委員會組織的考級，是目前考級人數最多，考級輻射面最廣的鋼琴考級之一。全國鋼琴考級分為 10 級，最高等級是 10 級。

還有上海音樂家協會鋼琴考級。上海音樂家協會鋼琴考級制度嚴謹、規範，考試內容也逐年不斷完善。上海音樂家協會鋼琴考級分為 10 級，難度最高級別為第 10 級，考試難度也相對較高。同時，在 10 級水平的基礎上還設有更高一層次的鋼琴考試級別，重點在於要求考生通過對作品的音樂內容、音樂規格和音樂風格的理解，有較準確的表達，這在一定程度上能反映出演奏者的音樂表現能力和音樂修養水平。

常爸：有不少家長也很看重英皇音樂考級，英皇音樂考級和中國國內考級有甚麼區別？

高橋雅江：英皇音樂考級的機構是 ABRSM，全稱是英國皇家音樂學院聯合委員會。ABRSM 由四所皇家院校成立，是一個音樂水平評估機構，有各類業餘考級或專業文憑考試。考試覆蓋範圍非常廣泛，不同國籍、年齡、音樂水平的人都可以報名參加考試。ABRSM 鋼琴演奏考級比較重視全面音樂素質的考查，重視考級測試的技術環環相扣，難度比國內考級更高。

ABRSM 鋼琴演奏考試共有八個級別，對考生沒有年齡限制，考生可以根據自己的程度報考適當的級別，也可以跳級。但參加 6~8 級考試的考生，必須先通過 ABRSM 樂理 5 級（或以上）才有資格報名。

中國國內的考級基本上只考演奏，而且要求背誦，曲子難度較 ABRSM 考級而言要稍高一些，而 ABRSM 的考級除了考演奏以外，還有音階、琶音、聽力、視奏測試，相比中國國內的考試而言，要求更全面，也更注重綜合音樂素養。

常爸：那你小時候考過級嗎？日本的家長也會讓孩子考級嗎？

高橋雅江：我沒有考過級，但其實日本的部分琴童家長也是熱衷於各種考級的。

日本的考級主要由「全日本鋼琴指導者協會」（Piano Teacher's National Association，簡稱 PTNA）舉辦，每年在全國舉行一次。除此之外，還有類似雅馬哈音樂學校這樣歷史悠久，教育理念較為成熟、系統的音樂培訓機構，根據自己的教育理念所設置的考級。日本的考級雖然也叫業餘考級、等級考試，但是它的要求是很嚴格的。

日本的考級根據考生所演奏的鋼琴樂曲程度的深淺和演奏時間，總共分為5個大級：啟蒙級、基礎級、應用級、成長級、發展級。考試不設固定的基本練習、技巧練習曲或者複調、樂曲等，報考較低級別的考生只需彈奏一首自選曲目，報考較高級別的考生需彈奏一首規定曲目及一首自選曲目。考試的演奏形式也非常多樣，有獨奏、四手聯彈、六手聯彈、八手聯彈（兩架鋼琴）和雙鋼琴。最為特殊的是，考試設有「自由級」，考生們可以任意選擇曲目，或者自己創作或改編一首鋼琴樂曲來演奏。由評委們根據所創作、改編樂曲的程度深淺，演奏的完成程度等予以定級。

在評分方面，最大的不同是每一級別裏分三個項目評分：考生自我評價，指導教師評分，還有 3 位考官的評分。考級的過程中是允許觀眾旁聽的，所以更像是一場小型的音樂會。

而雅馬哈音樂學校根據自己的教學系統，設置的鋼琴考級又不一樣。雅馬哈國際音樂能力級別的設定為 13 個級別。從 13 級開始，內容較為簡單，涉及基礎類；2 級為最高等級，但是真正能考到 2 級的人是少之又少的。

不過，在日本沒有孩子必須拿到某個考級證，才能進到某個學校的說法。所以孩子學琴的心態也會不一樣。我還是比較主張孩子多參加比賽、演出，從而讓孩子得到心理上的滿足，獲得成就感。

本章小結

- 如果家長將鋼琴考級的最高級別設定為鋼琴學習的終點，我不太支持孩子去參加考級。
- 考級是為了鼓勵學習，或者檢驗水平而存在的，換句話説，應該為了讓孩子學得更好而考級，而不是讓孩子為了考級去考級。
- 如果你真的想要確定和證明孩子達到了怎樣的水準，我建議讓他多參加演出，演出形式很多，有家庭式、沙龍式、音樂廳式演出，還有小型彙報演出、大型音樂演奏會等；或者讓孩子多參加各類比賽，最好是國際比賽，國際比賽相對客觀和公平，水平也高一些。

外面的世界很精彩

每次比賽結束，我都要求孩子們寫一份總結：通過這次比賽，你獲得了甚麼，你看到了哪些差距。當然，孩子也可以寫自己厲害，為甚麼厲害。這都是對比賽、對自己的一次重新審視的機會。

◆參加比賽的好處有哪些？如何選擇好的國際比賽？

常爸：相較於考級，我發現你是更加鼓勵孩子參加鋼琴比賽的，你覺得參加比賽對孩子來說有甚麼好處呢？

高橋雅江：對，相對考級來說，我是很提倡孩子去參加音樂比賽的，因為參加比賽的好處還是挺多的。我認為主要有以下幾點。

一、增加學習交流機會，開闊視野

絕大部分的鋼琴教學中，孩子除了和鋼琴老師溝通交流，其實很少有機會與外界交流學習，因此我鼓勵大家走出國門去參加國際比賽。我也知道國際比賽很難，非常有挑戰性。很多家長一聽要出國比賽就會說：「哎呀，我們孩子又拿不到獎，又很麻煩，我們去幹嗎？」其實我們的目的是讓孩子開闊眼界，我說的開闊眼界不單是可以順便旅遊。通過比賽，孩子既可以傾聽其他小朋友的演奏，也可以獲得專業評委老師的點評，從中獲得更多新鮮又專業的信息，結識更多有相同興趣的優秀夥伴，以此來開闊自己的視野。

二、培養舞台表現力，鍛煉勇敢的個性

彈鋼琴是一種自娛自樂的方式，更是一種表演的藝術。相比較而言，考級是封閉式的，考完了就必須退場。比賽不一樣，比賽是有觀眾的，是對外的，它的場地不局限於一個小房間，而是一個舞台。不管這個舞台大與小、高與低，都可以激發、鼓勵、培養孩子的自信心，可以讓孩子展示自己。有的孩子，尤其是初次參加比賽的孩子一上台，面對千百雙直視自己的眼睛，或面對評委老師的面孔，就會怯場，不能正常發揮。但一次、兩次、多次讓孩子站在眾人中央，面對不同的眼神、表情，就能夠鍛煉他的內心，使他逐漸戰勝恐懼，增強舞台表現力。

三、學會欣賞別人

比賽最重要的目的在於觀摩。觀摩跟參賽一樣重要，都可以使人成長。孩子在參加鋼琴比賽的時候，會遇到更多優秀的同齡人，通過這個途徑來找自己的差距——我和同年齡段的其他選手有甚麼區別。當遇到比自己更厲害的選手，孩子要學會第一時間欣賞他人的長處，懂得在欣賞中學習。

四、驗收階段性成果，了解自身情況

台上一分鐘，台下十年功，專業鋼琴賽事可是檢驗鋼琴學習成果最好的方法之一。參加比賽就是給孩子提供了一個學習、交流的機會，也是檢驗老師教學成果的機會。即使成績再好的孩子也有不

足之處，要讓孩子知道自己的優缺點，發揚優點，修正缺點。

五、比賽實際價值更高

孩子在比賽時所面對的評委不是一個房間裏面的一兩個人，評委大多數有 3~6 位。有的規格更高的專業比賽基本上是 6~8 位，甚至 10 位評委。同時，比賽的得獎率也比較低，它比考級的通過率低多了。因此，比賽相對於考級來說，要求更高、更多、更嚴，實際價值當然也是更高的。

常爸：現在很多國際比賽為了賺取比賽費用，參加費比較大，我們在參加比賽時該如何甄別呢？你能否推薦幾個實際價值比較高的國際比賽？

高橋雅江：我們選擇國際比賽時，首先要看這個賽事組委會的歷史，其次要看評委組的陣容。

像我們參加的比賽，有的已經舉辦二十多屆了，例如，有歐洲鋼琴教師協會舉辦的鋼琴比賽，或者外國一些大的學術機構舉辦的比賽，中國也有很專業、很權威的鋼琴比賽，很多評委都是重量級的鋼琴家，這些比賽實際價值都比較高，都可以參加。

我們每次參加比賽前都會分析這個賽事，主要還是看評委的組成和評判原則。

比如，波格萊里奇國際鋼琴比賽是由波格萊里奇親自作為賽事組委會主席，他是國際公認的鋼琴大師，有一定的知名度，同時比賽還設置了豐厚的獎金。假如孩子獲了獎，還有獎金拿，這樣孩子參加比賽有動力，家長也高興。

再比如，美國的范·克萊本國際鋼琴比賽也舉辦了很多屆。范·克萊本先生本身就是柴可夫斯基國際音樂比賽金獎獲得者，這個比賽的評委水平也很高。

我建議，學生如果有能力的話，可以參加這些比賽。

◆參加比賽前，需要注意哪些事情？

常爸：在比賽前，需要做好哪些準備呢？

高橋雅江：賽前準備是很重要的，主要分幾個階段。

一、風險評估階段

首先，孩子和家長要先商量好，是否有參加比賽的欲望和需求，如果有，由老師來幫忙選擇適合自己的國內外比賽。確定比賽後，老師要跟孩子和家長做心理建設，要告訴他們比賽的好與壞、比賽的成功與失敗，以及都會遇到甚麼問題。

要給孩子找合適的比賽（我指的合適不是說得獎率高低），還

要讓孩子抱着探索和學習的態度，重在參與的心態。不過還是要跟孩子説，雖然成績好壞不是最重要的，但也不能純粹地「重在參與」，還是要竭盡全力。尤其是參加國際比賽，孩子代表的就是中國，要培養孩子的榮譽感和責任感。

為甚麼我一直主張要出國去比賽呢？對我個人而言，我是有「野心」的。出去開闊眼界，就是一個野心，我覺得這種野心不是壞事。我就是想看一看，我們的孩子跟別的國家的孩子相比到底怎樣，有沒有差距。如果有，差距是多少？不過事實證明，我們的孩子出去了也是可以拿到第一名的。

二、選曲階段

確定要參加比賽了，接下來就是選曲子。選曲子要按照好聽的、適合自己的、難易搭配的標準去選擇。對於難度，很多人有一個謬誤，認為難度愈大的曲子得分愈高，寄希望於以難度取勝。但倘若孩子自身沒有準備充分，且演奏曲目的難度超過自身基礎水平，往往難以駕馭，結果就會漏洞百出。所以一定要找適合自己的曲子，能夠很好地展示出自己的亮點，關鍵是要有特點和特色。選曲時要熟知自己的特長與自身特點，做到揚長避短，才能夠在勝任技巧的基礎上做到音樂性的表達。

三、練習階段

如果確定了比賽曲目，那接下來就要有很長一段時間的積累練習，比如外國很多選手的曲目累積時間真的很長，最起碼兩年。當然不是說兩年就只練這一首參賽曲目，同時也會練習別的曲目的。我曾經用過這種方法訓練，孩子和家長就會抱怨說：「怎麼一首曲子彈這麼長時間。」

為甚麼要彈這麼久呢？因為不同的樂曲有不同的創作背景與流派，在彈奏方式上也會有很大的不同。我們對於一首樂曲的演奏，是基於樂譜的二度創作，而不是單純照譜彈奏。因此要多看、多聽資料，再去分析你所準備的曲目，完全了解該曲的創作背景、演奏方式、流派等，才能夠精準地把握曲目的風格與細節，才能夠對作品有更深入、更全面的理解，才能在高手如雲的比賽中讓人印象深刻。

所以平時除了要練基本的作業，應該要多練一兩首曲子以備比賽、演出、考試等時候使用。

四、預演階段

還有一點很重要，那就是儘量在比賽之前讓孩子積累一些舞台經驗。如果孩子之前較少參加比賽，或者從未參加過比賽，一定要進行預演。演奏不同於練琴，由於環境與樂器的不同，觀看人群與氣氛的不同，多少會讓孩子在心理上產生不適，出現緊張不安的情緒。因此，在此階段需要多為孩子創造一些在陌生人面前演奏的機會，通過這種方式漸漸增強孩子的心理承受力，最終達到能夠適應比賽環境的心理狀態。我的習慣是每次比賽出發之前，會要求孩子把比賽的禮服、鞋子都穿上，正式地演練一遍。這時候，你就會明

顯看到孩子的不足和問題，便於及時調整、修正。

說到著裝問題，我還要多說一句。比賽有比賽的著裝要求，其實任何考試、演出、比賽等都應該穿著得體。男孩子要穿深色的西裝，再打個小領結；女孩子要穿小禮服，裙子的長度儘量達到膝蓋以下，到膝蓋與腳踝中間或墜地都可以。

總之，參加鋼琴比賽是一個非常好的自我檢驗方式。孩子通過參加比賽可以發現自身演奏中存在的問題，也可以鍛煉心理素質並培養自信心。

常爸：參加國際比賽之前的戰略準備其實也很重要。到不同的國家比賽或留學，各個國家的要求也會有所不同，是這樣嗎？

高橋雅江：對，我有一個學生，本來要考美國的鋼琴學校，但是手續上出了些小意外，現在轉而要考德國的學校。這就比較令人頭疼了，因為之前準備的時候都是按照美國的風格去準備的，現在要去德國就需要按照德國的標準重新準備。

常爸：那你所說的標準是甚麼概念呢？

高橋雅江：這就要從鋼琴流派說起了。其實鋼琴流派是個非常複雜的內容，這裏我只能簡單介紹一下。

一、德奧學派

德奧鋼琴學派是以德國、奧地利這兩個國家的藝術家為主的鋼琴學派，以海頓、巴赫、貝多芬、莫扎特等為代表，簡稱德奧學派。其特點是講究線條，理性、端正、嚴肅，有深度、有思想，不喜歡表面的華麗和鋪張。在彈奏技術方面，重視扎實的基本功，重視手臂運用，重視彈奏力度，要求靠手指的抻力和手掌肌肉的力量控制聲音清晰明亮。德奧鋼琴學派是最傳統的學派，很多鋼琴學派都傳承於德奧學派。

所以到德國等一些歐洲國家去比賽或求學，彈奏上也要更加貼近、符合他們的要求。

二、俄羅斯學派

俄羅斯鋼琴演奏藝術的產生遠遲於西歐、南歐。當西歐已進入浪漫主義鋼琴表演藝術的黃金時代時，它才剛剛起步。但是俄羅斯鋼琴藝術家們在浪漫主義後期異軍突起，在國際藝術舞台上樹起了俄羅斯鋼琴學派的旗幟，以柴可夫斯基、拉赫瑪尼諾夫、霍洛維茨、肖斯塔科維奇等鋼琴家為代表。這個學派的特點是濃墨重彩，旋律厚重，感情幅度大，技巧驚人。在彈奏技巧上重視基本功，不僅重視手本身的運用及技巧，而且還注重調動四肢和腰部的力量，這在一定程度上解放了專注手部的技巧。他們的藝術核心特徵就是強調歌唱性，堅持以聲樂的觀點來闡述鋼琴的聲音，追求使琴聲去接近親切的人聲。

受俄羅斯學派影響最深的其實就是美國和中國。早在 20 世紀二三十年代，中國就有了蘇聯鋼琴教師的身影，老一輩的鋼琴演奏家殷承宗、劉詩昆、周廣仁等，就是在他們的培養下成長起來的。俄羅斯學派更好地推動了中國鋼琴音樂的發展，讓中國音樂文化在保留民族特色的同時，與世界音樂文化有了更多的連接。

三、美國學派

美國學派是一個年輕的學派，它代表了美國人那種年輕、熱情、樂觀和勇敢的精神，汲取了各學派的精華並加以融合，代表人物有范·克萊本、威廉·肯普夫、默里·佩拉西亞等。美國學派深受新音樂思潮的影響，他們在演奏中節奏富有彈性，喜好形像生動的抒情，形成自己極富個性和表現力的風格。他們注意最大限度地發揮演奏技術，注意整體的和諧，並能以特殊的理解力來處理樂曲，逐步把個性同各種現代彈奏技術結合起來。他們提倡青年鋼琴家更純真、更有力、更自由地表現自己的音樂才能，以保持自己音樂的獨立性，所以美國學派更看重的是個性化的表達。

四、法國學派

法國學派以拉莫、福雷、德彪西、拉威爾等為代表。與其他學派不一樣的是，法國學派有着濃厚的法蘭西民族氣質，輕靈、飄逸、注重音色，認為作品中節奏、力度是相對的，需要演奏者自己去找平衡。

五、波蘭學派

波蘭學派以鋼琴詩人蕭邦為代表，倡導追求歌唱性演奏效果。這個學派紮根於 19 世紀與李斯特齊名的鋼琴巨匠魯賓斯坦，從早期的帕德列夫斯基、戈多夫斯基、霍夫曼，到哈拉謝維奇，都是蕭邦的著名演繹者。

其實無論哪種流派，關鍵還是看老師怎麼融合和理解，如何幫助學生打好基礎，如何讓學生在接觸不同流派的時候能夠融會貫通，學會舉一反三。

常爸：你經常組織孩子們到外國參加比賽，對於比賽的流程都很熟悉，如果家長第一次單獨帶孩子出國參加比賽，你覺得需要注意些甚麼呢？

高橋雅江：現在外國的比賽比較多，要先選擇適合孩子的比賽，跟組委會取得聯繫，拿到比賽章程。接着制訂賽前培訓計劃，安排詳細的行程，賽前培訓非常重要，準備的時候需要符合這個比賽的風格。行程也要提前都安排好，比如酒店最好定在離賽場 15 分鐘車程以內的一個區域。

安排行程的時候，家長可以考慮帶孩子去參觀當地的博物館，因為每次我帶學生出國比賽的時候，都會安排孩子們去參觀一些當地的博物館和展覽，讓孩子去了解當地的文化和藝術。這也有助於提高孩子的個人藝術素養、文化修養以及審美能力。

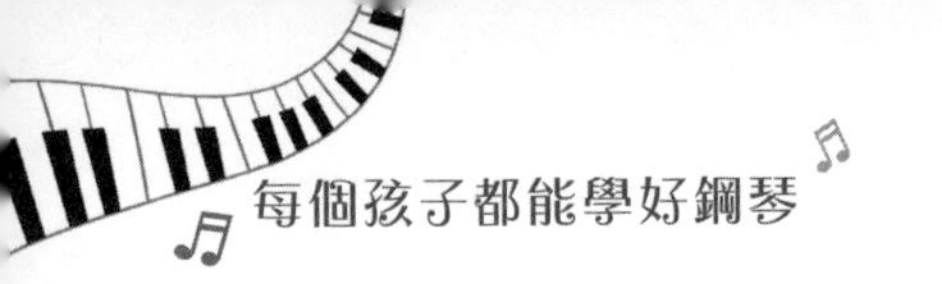

常爸：那孩子到了外國，至少得練習一下，但是在外國人生地不熟又沒有琴。這個問題該怎麼解決呢？

高橋雅江：這個很重要，需要提醒一下家長們，在出國之前就要提前在賽場或住宿地周邊，請當地的導遊安排或者直接聯繫琴行預訂練琴時間，不然到了地方再訂基本就訂不到了。我們每次去比賽的時候都會提前聯繫琴行，確定好鋼琴和練琴的時間。

◆如何培養孩子的表演能力？

常爸：有的孩子在平時的學習、練習中表現都不錯，但是上台表演的表現就差強人意了，可能因為緊張，可能因為經驗不足等等。你覺得平時可以培養孩子上台的表演能力嗎？該如何培養呢？

高橋雅江：上台的表演能力是可以培養的。演出的目的其實就是刺激孩子產生動力，使他勇於站在舞台上展示自己，培養他的自信心、榮譽感。家長經常跟孩子說：「不要緊張，就像在家裏彈琴一樣。」但是，不可能有人真的可以無視台下的觀眾而不緊張。一般情況下，大多數人被很多人看着的時候，心跳會加速，會感到興奮和緊張，有的人還會手抖、腳抖。因此，培養孩子表演能力的首要任務就是要先讓孩子學會緩解這種緊張感。這裏我有幾個小辦法，可以在日常生活中幫助孩子克服緊張情緒。

第一，平時在家練習的時候，家長可以在琴前放上一台攝影機，一般人對着攝影機就會不自覺地緊張。這樣做的好處就是能給孩子營造出一種有人觀看的感覺，孩子內心會把攝影機當成觀眾，時間長了就可以克服緊張情緒，而且事後孩子還可以通過錄像找到自己練習中的不足。

第二，一般在比賽之前的一個月，我會要求孩子在家穿上演出服練琴。因為孩子在上台前，也需要適應演出的衣服和鞋子，特別是鞋子，需要提前穿上適應踩踏板的感覺。但是最重要的原因還是儀式感，當他真正穿上演出服的時候，就會知道這是不一樣的感覺——我需要端正態度了。

第三，盡可能地給孩子製造會緊張的機會，讓孩子習慣這種緊張的感覺。比如舉辦家庭型的小音樂會，或者多讓孩子在人多的地方表演，把握上台的機會。多演練幾次，孩子的緊張情緒就會緩解。

◆孩子比賽失利怎麼辦？

常爸：既然是比賽，那就肯定有勝負，有的家長自身對於比賽的勝負就看得很重。現在有很多孩子，平時玩遊戲輸了可能都要哭一場，如果比賽結果不理想，那就更崩潰了，家長如何開導孩子面對或接受挫折呢？

高橋雅江：不謙虛地說，其實我們每次出去比賽，成績都還是不錯的。但是去之前我們都會給孩子和家長打好預防針——我們的目標並不是去拿獎，而是抱着學習的心態去的。看看外國的那些孩子到了甚麼程度，人家有甚麼優點我們可以用來學習，主要是去觀摩、交流、學習。抱着這個心態，家長和孩子們的得失心就不會那麼重，比賽之前也不會很緊張。

對於比賽失利的孩子我都會跟他總結、分析，他和第一名、第二名的孩子有甚麼差距，人家強在哪裏。每次比賽結束，我都要求孩子們寫一份總結：通過這次比賽，你獲得了甚麼，你看到了哪些差距。當然，孩子也可以寫自己厲害，為甚麼厲害。這都是對比賽、對自己的一次重新審視的機會。

本章小結

- 參加比賽的好處：一、增加學習交流機會，開闊視野。二、培養舞台表現力，鍛煉勇敢的個性。三、學會欣賞別人。四、驗收階段性成果，了解自身情況。五、比賽實際價值更高。
- 我們選擇國際比賽時，首先要看這個賽事組委會的歷史，其次要看評委組的陣容。
- 我們對於一首樂曲的演奏，是基於樂譜的二度創作，而不是單純照譜彈奏。
- 在出國之前就要提前在賽場或住宿地周邊，請當地的導遊安排或者直接聯繫琴行預訂練琴時間，不然到了地方再訂基本就訂不到了。
- 我有幾個小辦法，可以在日常生活中幫助孩子克服緊張情緒。第一，平時在家練習的時候，家長可以在琴前放上一台攝影機，一般人對着攝影機就會不自覺地緊張。第二，一般在比賽之前的一個月，我會要求孩子在家穿上演出服練琴。第三，盡可能地給孩子製造會緊張的機會，讓孩子習慣這種緊張的感覺。

Part 6
9~12歲
讓音樂「住」進生命

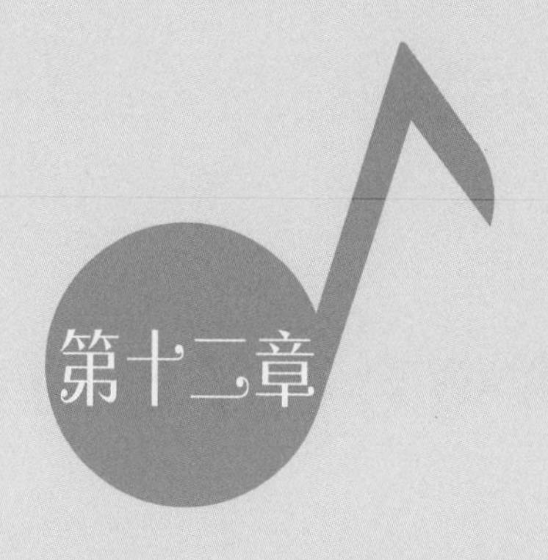

第十二章

來享受音樂吧！

音樂是個很感性的東西，每個人都有自己獨特的理解。彈琴其實也是一種表達，是演奏者在向世人傾訴的過程。每個人對作品的理解都不一樣，因此也沒有絕對的評判標準。我認為好的音樂既能感動自己又能感動他人。

◆怎樣選擇適合孩子聽的音樂會？

常爸：現在很多家長喜歡帶孩子，尤其是學琴的孩子去聽音樂會，但孩子們的注意力不容易集中，也聽不懂冗長、深奧的作品，所以家長們對音樂會的選擇就顯得很重要。那麼選擇音樂會有哪些竅門呢？家長該如何選擇適合孩子的音樂會呢？

高橋雅江：不是所有的音樂會都適合帶孩子去。

第一，家長在選擇音樂會的時候要先看節目單，它是甚麼題材，有甚麼曲目。如果太深奧，或者是近現代、無調性的，我覺得不適合學琴時間不長的孩子去聽。

第二，5 歲以下的孩子就不要去正規的劇場或者音樂廳了。很多正規的劇場或者音樂廳都有身高限制或者年齡限制。因為太小的孩子坐不住，有時候還會哭鬧，會影響到演奏家或者演員的情緒，還影響其他觀眾的觀賞心情。可以選擇互動性強的，孩子可參與的演出或室外音樂活動。這樣既可以滿足孩子對音樂演奏的好奇，也可以在孩子不感興趣的時候隨時離開，不用擔心影響他人。

第三，演出如果是純粹地一首接一首演奏，更適合大一些的學習了某些樂器的孩子帶着欣賞和學習的心態，去和現場的演奏者交流。

第四，現在學琴的孩子很多，但不必只帶孩子去欣賞他所學的那種樂器的音樂會，尤其是鋼琴獨奏，非常枯燥。如果都是嚴肅的作品，那交響樂的效果一定比樂器獨奏好，有更強的感染力。家長可以帶孩子多聽樂隊的現場演出，特別是世界著名樂團的演出。

常爸：那麼，學習鋼琴的孩子在聽音樂會的時候，要怎麼聽才能更有收穫呢？

高橋雅江：我會要求我的學生在聽音樂會之前先做功課，知道這個作品寫了甚麼，要表達甚麼，先去查閱資料，了解大概情況，再去聽就有準備了。

我做學生的時候，我們的主課老師會要求我們聽音樂會時帶一支鉛筆和音樂會中作品的譜子，在聽的同時，還需要記錄。不是要記他彈得有多好或者他有甚麼缺點，而是要記錄他彈奏時候的小特點，比如譜子上明明寫了一個 P 是輕聲，他彈一個大聲等等。音樂廳或者劇場一般是不允許錄影、錄音的，所以就需要我們隨時去記錄，可以用自己習慣的簡單的符號、文字去做記號。這樣一場音樂會下來就會有很大的收穫。

◆帶孩子聽音樂會，應該注意哪些禮節？

常爸：其實在任何公共場所，都要遵守相應的規矩，聽音樂會更是如此。那帶孩子去欣賞音樂會應該注意哪些禮節？

高橋雅江：帶孩子去欣賞音樂會，還是需要給孩子講一下聽音樂會的規矩。其實在歐洲，尤其是奧地利、意大利這些地方，特別注重音樂會的禮節、禮儀方面。為了表示對藝術家的尊重，同時也是彰顯自身良好的修養，一般出席音樂會的觀眾會穿着比較正式的服裝，比如男士們穿西裝、打領帶或領結，女士們穿典雅的套裝等。

在中國，音樂廳一般對觀眾沒有太嚴格的着裝要求，但是也一定要穿着得體。不一定非得穿得很華麗，只要是整潔的正裝就可以了。手機突然響了、睡覺打呼、交頭接耳，甚至大聲喧嘩，這些行為都是音樂會的大忌。對於我的學生，我主要會訓練他們兩方面的禮儀，一個是音樂會禮儀，還有一個就是演員禮儀。下面我就主要聊聊欣賞音樂會的一些基本禮儀。

一、熟悉曲目

去聽音樂會之前最好先熟悉曲目，不然就成了盲目地聽，那是不行的。至少要知道這些曲子的內容、背景，這樣在欣賞的時候才有目的，才不會因為聽不懂而不耐煩甚至睡着。

二、請準時入場

不論哪種場合，遲到都是不禮貌的行為，所以最好能在開演前15分鐘左右到場。很多音樂廳會嚴格限制遲到的入場者，演出開始後，遲到的人可能就只能等到一首曲子結束後或中場休息時才可以進入。因為一個偌大的劇場或者音樂廳，你從門口走到所坐位置是有一定距離，需要一點時間的，演奏家可能已經開始演奏第二首曲子了，觀眾還沒有走到座位，這都是很影響演奏者的行為。所以一定要守時，而且最好不要中途退場，有特殊情況要提前退場的，應在一首樂曲結束後，指揮謝幕、觀眾鼓掌的時候悄悄離開。

三、不要製造噪音

安靜傾聽是聽音樂會基本的禮儀，不僅表示對演奏者和其他觀眾的尊重，也間接展示了自己的修養。一定要事先關閉移動電話等會發出聲響的電子產品。演出進行中應保持肅靜，不要交談、打瞌睡、喝水、吃東西、走動等。有的音樂廳和劇場是不允許把水和食物帶進去的，有些比較好的場所，連袋子都要存放在外面。

聽音樂會時，儘量避免做一些「小動作」，如在座位上移動大衣、將袋子打開或關上、東西掉地上發出聲響、清喉嚨，以及咳嗽、嚼口香糖、翻騰自己的膠袋等。當然，人難免會因為環境的影響打噴嚏或者咳嗽，但也要儘量把聲音降到最小。如果對某個節目不滿

意，也不要與身邊的觀眾相互低語，對節目進行評論，應在演出結束退場後再對節目進行評價。

四、不要使用閃光燈拍照

通常，主辦方為了不影響藝術家們的表演以及保護版權，會嚴禁觀眾帶攝影機進場。有的音樂會允許攝影或者拍照，但前提是千萬不要使用閃光燈，因為閃光燈會打擾演奏者。如果出現這種情況，演奏者是完全有權利選擇退場罷演的。

五、音樂會中適時鼓掌

音樂會開始時，聽眾應鼓掌迎接指揮上台。對上台演出的獨奏演員也應給予掌聲鼓勵。整首交響樂或整組樂曲全部演奏完畢時，再一起鼓掌。樂章之間和組曲之間不鼓掌，尤其是演奏過程中不要突然鼓掌。一般奏鳴曲或者套曲、組曲是很多首曲子，演奏者不可能從頭彈到尾。所以他可能一首彈完，停頓一下，再彈第二首。這期間不要音樂一停，立刻就鼓掌，容易把演奏者的思路打亂。一定要等演奏者站起來，表示彈完了，再鼓掌。

在全部作品結束時要鼓掌，這是顯示觀眾對演奏者的欣賞，演奏者有可能會因熱烈的掌聲而返場並加演曲目。

亂叫、吹口哨等都是對演奏者極不禮貌的表現，除非樂隊指揮明確示意聽眾參與演奏，比如和着節拍拍掌等，否則不要隨意以手或嘴「與樂隊共奏」。

知識鏈接

樂章：成套樂曲中具有一定主題的獨立組成部分。樂章由若干樂段組成，常見的樂章組成形式有ABA（三部曲式）和AB（二部曲式）等。在一部音樂作品中，各個樂章一般按分明不同的速度、風格和節拍而排列。樂章的題目一般説明其速度、風格或形式。

組曲：一種結構比較自由、鬆散的多樂章器樂套曲曲式。它包含的樂章數量不定，最低不少於3個，最高可達十餘個。每樂章有自己相對的獨立性，把它們組合在一起的是一個統一的藝術構思。

套曲：樂曲結構的一種，又稱「連曲」。由若干樂曲或樂章組成的大型器樂或聲樂曲。其中有主題的內在聯繫和連貫發展的線索，如舒伯特的聲樂套曲《美麗的磨坊女》；有運用民族音樂素材，通過各種不同的「彩畫」來表達樂意的，如聲樂套曲《草原素描》等；也有內容互相對比，性質和速度各不相同的樂曲結構，如奏鳴套曲、交響套曲、協奏曲以及各種組曲等。

六、不可隨意獻花

一般情況下，演出期間觀眾不能隨意上台向演奏者獻花，如有觀眾因特殊情況要求以個人的名義向演奏者獻花，應事先與工作人員聯繫，由工作人員安排獻花活動。

七、安靜有序地退場

音樂會結束時，聽眾應在座位上停留片刻，不要急於退場，待演奏者謝幕時，全場應起立鼓掌，以示尊敬。演奏者謝幕之後，再井然有序地退場。出場時，切忌大聲喧嘩，或者立刻評價音樂會。即使音樂會與心裏的想像存在較大的差異，達不到自己滿意的結果，也應等出去之後再討論。

◆怎樣更好地陪孩子欣賞音樂作品？

常爸：你平時怎樣給孩子們上音樂欣賞課呢？都會聽些甚麼？

高橋雅江：我自己收藏了很多的資料，包括聽的、看的。在平時上課的時候，只要有時間，我就會針對孩子所彈的曲子或他這一階段的學習水平，找一些相符的曲目進行觀摩、學習。當然，這些曲子不一定全部是鋼琴家或大師們彈的，也有可能是某一些音樂愛好者或者音樂學院的學生彈的。雖然不能說各個彈奏得都很好，但是可以從中借鑑，可以讓孩子找差距。

常爸：為甚麼不直接給孩子們看大師級的鋼琴作品呢？

高橋雅江：因為大師的水平太高了，與孩子距離太遠，不能解決當下的問題。而那些音樂愛好者或者音樂學院學生的水平跟我們的孩子的階段、水平差不多，雖然彈的是同樣的曲子，可是彈出的風格、感覺都會不一樣。可以跟孩子一同進行分析，比如，這個表演者是否彈得比較貼近曲作者想要表達的情感？他有甚麼問題是我們要避開的？他有甚麼長處和優勢是我們要學的？

我們每年的夏令營都會開音樂欣賞課，也叫視聽課，其間我們每天都會看不同的資料，也許是鋼琴的，也許是小提琴的，或者看聲樂的、交響樂的，甚至音樂劇或者音樂電影。每一次看完、聽完這些不同的內容，我都會要求孩子寫一篇觀後感或者聽後感，説一説他們從中的收穫，不會寫字的孩子也可以畫。

比如我的學生 DZ 組合參加比賽雙鋼琴彈《骷髏之舞》。我先讓他們聽杜達梅爾指揮的樂隊版本，分析整個作品的氣勢、表達效果；然後讓他們看卡通片表現的《骷髏之舞》的一些內容和場景。他們都吸收了之後再彈，呈現出來的感覺特別棒，所以在國際鋼琴比賽中，六位外國專家一致評他們是第一名，因為他們已經表現出自己所理解的東西了。

音樂欣賞大家都會，但是如何去聽？如何去看？

聽交響樂、歌劇、音樂劇等，就要跟孩子介紹一些結構或者曲子的內容。因為這些演出大多數不是唱中文的，孩子聽不懂。歌劇有意大利語、法語、德語、俄語，偶爾還會有韓語、日語、英語、

拉丁語、西班牙語等，所以還是要提前做功課去了解的。

有很多鋼琴曲都是改編或者選自某歌劇的選段，比如歌劇《弄臣》，李斯特就根據歌劇的體裁將其譜成了鋼琴曲，又加上了李斯特特有的情感、技術難點等。孩子要彈這個作品，就必須要尊重原着，需要先去看歌劇，了解故事情節。

說到理解，我自己也深有感觸。我在教學中也會遇到一些中國鋼琴曲作品，比如《春江花月夜》、《百鳥朝鳳》、《彩雲追月》等，讓我一個外國老師教孩子彈中國曲子，那真是太難了。我要通過查資料，分析老前輩們的錄音或者現有的影片，還要求助於那些老師輩的前輩們，以及那些很有名的鋼琴演奏家、音樂家們，在他們給我講解後，我再去理解就會好很多。孩子學習外國的曲目也是一樣的道理。

另外，欣賞音樂作品的時機也很重要，在給孩子賞析一些資料的時候，最好是在孩子把這首曲子彈得稍微熟練的時候。我指的熟練就是指譜面上的所有內容，如指法、音、節奏這些基本的東西都練習到位，開始要處理樂感，裝飾這首曲子的時候。不能孩子拿到一首曲子，就先給孩子聽、看資料。因為人是很容易先入為主的，有的孩子聽完覺得難就會有畏難情緒；有的孩子興趣很高、上手又很快，就會照葫蘆畫瓢，囫圇吞棗，不去研究。所以我一般會等孩子練到一定熟練度了，再安排他們欣賞。

常爸：那我們該怎麼教孩子從專業角度判斷鋼琴演奏者的演奏水平？怎樣欣賞、分析鋼琴演奏呢？

高橋雅江：音樂是個很感性的東西，每個人都有自己獨特的理解。彈琴其實也是一種表達，是演奏者在向世人傾訴的過程。每個人對作品的理解都不一樣，因此也沒有絕對的評判標準。我認為好的音樂既能感動自己又能感動他人。

至於如何欣賞音樂，則是仁者見仁，智者見智的事情了。有一種説法：作曲家作曲是一次創作，演奏者演奏是二次創作，聽眾欣賞是三次創作。不是每個人學習鋼琴後都有足夠的天賦在演奏方面達到一定高度，但是至少欣賞技能可以得到提高。

我認為賞析的第一層境界是欣賞旋律的完整性。

第二層境界是欣賞技巧，賞析時用聽覺去判斷演奏者是否達到應有的音樂變化、力度層次、節奏脈搏等。

再深一層是了解背景、了解思想，帶入想像力去體會情感等。如果一個作品借用了甚麼風格、屬甚麼流派、有甚麼特點，你都能夠聽出來並進行評價，那是非常厲害的事情。比如蕭邦為甚麼要寫《波蘭舞曲》？因為蕭邦是一位非常愛國的作曲家和鋼琴家。因為戰爭，他離開故鄉波蘭移居到法國巴黎，所以他寫的很多作品裏面是帶有一些革命性的，抒發了許多自己背井離鄉、思念故土的情感。

因此要積累豐富的音樂知識，了解作者的心聲、作者的背景、

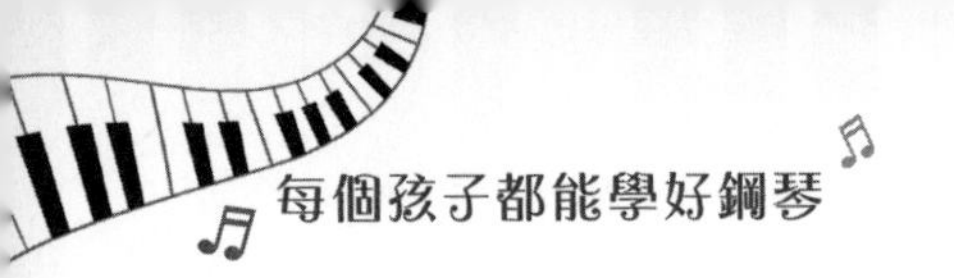

作者的時代，這樣你在欣賞音樂的時候，才能感受到這個曲子的情感。

總之，音樂是一門藝術，欣賞者聆聽的過程也是一種藝術再創作的過程。

本章小結

- 不是所有音樂會都適合帶孩子去。
- 欣賞音樂會的一些基本禮儀：一、熟悉曲目。二、請準時入場。三、不要製造噪音。四、不要使用閃光燈拍照。五、音樂會中適時鼓掌。六、安靜有序地退場。七、不可隨意獻花。
- 大師的水平太高了，與孩子距離太遠，不能解決當下的問題。
- 欣賞音樂作品的時機也很重要，在給孩子賞析一些資料的時候，最好是在孩子把這首曲子彈得稍微熟練的時候。
- 不是每個人學習鋼琴後都有足夠的天賦在演奏方面達到一定高度，但是至少欣賞技能可以得到提高。

第十三章

漫步鋼琴人生路

學任何東西，並不是說一定當世界第一才是出路，世界第一只有一個。成為一名單純的鋼琴愛好者、音樂愛好者，為枯燥繁重的生活增加一劑鮮活的美、開一扇自由的窗，也未嘗不是一樁美事。

◆怎樣學習自彈自唱、即興伴奏？

常爸：鋼琴演奏是一種比較高雅的表現形式，我們平時看到有很多人可以給別人伴奏，也可以自彈自唱，這樣更生活化、更隨意。你覺得鋼琴學到甚麼程度可以即興伴奏？

高橋雅江：其實即興伴奏和鋼琴水平沒有直接關係，即興伴奏需要額外專門的訓練，要想即興伴奏和演奏，最重要的是要具有較扎實的樂理知識和較高的視唱練耳水平。樂理、和聲知識是必不可少的，還要有專門的即興配和聲的練習，例如和弦進行式、和弦轉位、琶音、分解和弦、和聲和弦都要熟練掌握。

即興伴奏認真説起來其實並不即興，很多人在學習即興伴奏的過程中，總會有一種無處下手的感覺，那麼我們先要搞清楚甚麼是即興伴奏。

鋼琴即興伴奏是鋼琴伴奏形式中最實際、最常用、最快捷的一種演奏技能。它要求伴奏者將鋼琴演奏技巧、鍵盤和聲手法、作曲理論知識結合起來，在旋律條件的限制下，在事先毫無準備的情況下進行瞬間的藝術再創作。

所以一般跟我學琴的孩子都要學兩門課，一個是鋼琴課，一個是音樂基礎知識課。當孩子學到中級水平，適合繼續往前走時，我可能就會再加一堂技術技巧課。

在鋼琴學習的過程中積累各種知識也是很有必要的，尤其是對於左手伴奏類型的積累，有了熟練的演奏經驗才能條件反射般地進行鋼琴伴奏。伴奏的學習主要還是應該依靠平時的基本功，必須要自覺地去研究左手的固定定式。所謂固定定式，就是一個手形同時對應數種指法變化的演奏技巧。在平常的練琴過程中，總結固定定式，再加上相對基礎的樂理，把固定定式熟練地練成套路，就可以進行即興伴奏了。

常爸：有種說法，會彈古典音樂的人不一定會扒歌。如果孩子聽到一首他喜歡的歌曲，想把它彈下來，如何才能順利地將曲子扒下來？

高橋雅江：其實扒歌（Transcription）和即興伴奏是一個意思，都是聽過曲子後能將其彈出來，與鋼琴彈奏水平沒有直接關係。實際上，扒歌是跟耳朵有直接關係的，耳朵的音準愈高，扒歌愈快。對於有視唱練耳基礎、和聲學基礎、曲式分析能力的學生，扒歌是很容易的。

那扒歌的步驟是甚麼呢？

首先扒歌要先定調，要知道扒的歌是甚麼調的。具體怎麼定呢？根據歌曲的主旋律來定調。當你把主旋律哼唱出來後，接觸過十二平均律概念的人都應該了解，理論上它可能是任何調，根據音階排列的合理性，就能推算出最合理的調了。

接着確定曲式。定調完成後，就開始進行歌曲段落的確定。一般來説，歌曲由前奏、主歌、副歌、過門、間奏、重複主歌副歌、尾奏組成。有的歌曲在編排上為了突出特點或意境，會增加或省去某些段落，但主歌、副歌是不會缺少的。所以，我們一般把主歌定義為 A 段，把副歌定義為 B 段。

最後確定和弦。確定 A、B 段後，開始分段落確定和聲構成。確定和聲後，再往裏填根音、組成音或旋律性的東西，這樣就不會跑偏，扒線條也更容易。扒下來的東西可以選擇性地將精華的部分留下，自己彈的也不一定要和原版一模一樣，有能力的孩子可以進行即興改編。

十二平均律：一種將八度（振動數相差一倍的兩音距離）內的音分為十二個等距半音的律制，各相鄰兩律之間的振動數之比完全相等。為音樂的自由轉調提供了極為方便的條件。也稱十二等程律。

◆學琴達到一定的程度，如何更好地與鋼琴相處？

常爸：能在生活中把自己喜歡的歌彈奏下來，應該是件很幸福的事情。但有的孩子學琴學了十多年，也考過了十級，卻不再彈琴了。這種情況下孩子如果很長一段時間不碰琴，學過的東西是否會全部歸零？

高橋雅江：其實有很大部分琴童，都是過了所謂的十級後，就不再彈琴了。仔細想想，這些父母當初為甚麼要讓孩子去學琴呢？為了十級證書？可是孩子後來連琴都不碰了，這個證書好像也沒甚麼用了。

如果孩子真的在很長時間裏都不碰琴，那麼就算不歸零，能量值也所剩無幾了。彈鋼琴不是像學騎自行車、游泳那樣，學會了就永遠都會了，而是需要不斷學習、鑽研的。長時間不練琴，手指就會不聽使喚，許多原本熟練的樂曲和技巧都會生疏甚至完全陌生。如果真的因為一時的放縱或者懶惰而把若干年學來的技能全部丟棄，那實在是太可惜了。因此，最理想的方式是保持練琴的習慣和動力，利用音樂表達自己、排解自己的情緒，使音樂成為生命中不可缺少的一部分。

常爸：你認為學鋼琴學到甚麼程度就可以不學了？

高橋雅江：我認為學習是無止境的。比如我最喜歡的偉大鋼琴家弗拉基米爾·霍洛維茨，他到 80 歲還在學習，

還在自己的領域裏不斷地升華。所以他在不同的年齡、不同的時期，彈同一個作品的境界是不一樣的。

常爸：雖說學無止境，但是有的孩子未必最後會走鋼琴專業這條路。難道也要一直學習下去嗎？

高橋雅江：要問到了甚麼程度可以不學琴，我覺得應該一直堅持學下去。除非這個人從骨子裏就不喜歡鋼琴，那他勢必會在某個時間點放棄。但如果是打心底裏熱愛鋼琴、尊重鋼琴的人，我相信無論以甚麼樣的方式，他都會想要在鋼琴的領域不斷學習、不斷挑戰。

當然，如果是業餘的學生，學到中學畢業，考了大學或者大學畢業，就可以不跟着老師學了，但不是意味着他可以就此放下鋼琴，而是可以自己去鑽研，彈自己喜歡的音樂。

貝多芬説過：苦難是人生的老師。通過苦難，走向歡樂。有很多人用 5 年、8 年、10 年的時間來堅持學習鋼琴，一個佔據了兒時大部分課餘時間的東西，相信早已融入他的生活。隨着成長，他早

已淡忘了因為練琴而帶來的負面情緒，剩下的只有音樂帶來的歡樂。

即使後來不用被逼着練琴了，或者因為其他的事情將練琴擱置了，但是鋼琴帶給孩子心靈上的撫慰是永恆的。如果要說一說和音樂相處的方式，於我而言，於生活而言，大概就是調味劑般的存在——讓本來無味的生活變得有滋有味。我希望孩子們無論何時坐在鋼琴前，都可以自由自在地享受音樂，用音樂去表達自己，讓音樂陪伴一生，在音樂裏遇到不一樣的世界和熟悉的自己。

◆想讓孩子走音樂專業道路，應該怎樣選擇學校？

常爸：如果有的家長想讓孩子走音樂專業化路線，是不是該直接上音樂學院附小、附中和音樂學院？

高橋雅江：我覺得沒有必要太過強調音樂學院附小、附中或音樂學院。你想讓孩子上附小也好、附中也好、音樂學院也好，都要做好不怕付出的準備。很多家長為了一步到位，就把孩子送到音樂學院附小、附中，一路這樣念下來也是可以的，但是各有利弊。

就專業上來說，上音樂學院附小、附中的好處是學習正規化。我指的正規化並不是說不念音樂學院附小、附中，在外面學琴就叫不正規，而是在重視程度上或者學科上的正規化，比如有正規的教案、正規的目標、正規的時間等。相對於上普通學校的孩子來說，上這類學校的孩子，練琴、學琴的時間更多了。

不好的方面是，這類學校文化課學習的時間相對較少，孩子文化方面的積累可能不夠扎實。如果一個孩子連最基礎的文化底蘊都沒有，那他怎麼能理解曲子？怎麼能演繹某個曲子？比如甚麼叫《春江花月夜》？它的內涵是甚麼？他可能沒有太多機會去了解。

同時，還要衡量如果孩子考附小或者附中，家長的時間、精力、財力的投入是否準備好了。因為音樂系統學校跟普通中小學的學費是不一樣的。而且，考大學的時候，音樂系統學校的孩子選擇的機會相對較少。所以，這些方方面面的因素還是需要家長根據自己的家庭及孩子的實際情況權衡一下。

常爸：很多學音樂的孩子會選擇到外國深造，你覺得到外國學習音樂怎麼樣？如果決定出國學音樂，那甚麼年齡去最合適？該選擇哪裏？

高橋雅江：我是很贊成到外國深造的。不過要考慮孩子是否具有自覺性、獨立性。因為出國讀書跟上附小、附中還不一樣，畢竟附小、附中還是在香港，家長陪伴比較方便。但孩子到外國，家長也許不會跟着了。所以關於甚麼年齡到外國這個問題，我主張在香港唸完中學再出去。這個時候，孩子已經具有一定的自我約束性和獨立性，出去學習也會更有目的性。

如果打算出國的話，選擇歐洲還是美國呢？歐洲是古典音樂的大根據地，有着悠久的歷史，教育水平也非常高，但是相對來説比較嚴謹、古板，對孩子的要求也是一板一眼的。因為我本人是留美的，深覺美國在音樂教育上非常個性化，並且尊重個人的意願與性格，音樂風格較歐洲來説也相對自由、奔放。

◆孩子當不了鋼琴家，學琴就是浪費嗎？

常爸：有的家長覺得，孩子如果當不了鋼琴家，學那麼多年的鋼琴豈不是浪費了？你怎麼看這種觀點？

高橋雅江：成為鋼琴家不是嘴上説説這麼簡單。想當這個「家」，你要學會忍受孤獨。我説的孤獨不是關在小黑屋裏成天練琴，而是當別人在打遊戲、逛街、吃美食的時候，你要靜下心來鑽研有關鋼琴的一切東西。因為你要當「家」，所以就要花數倍的精

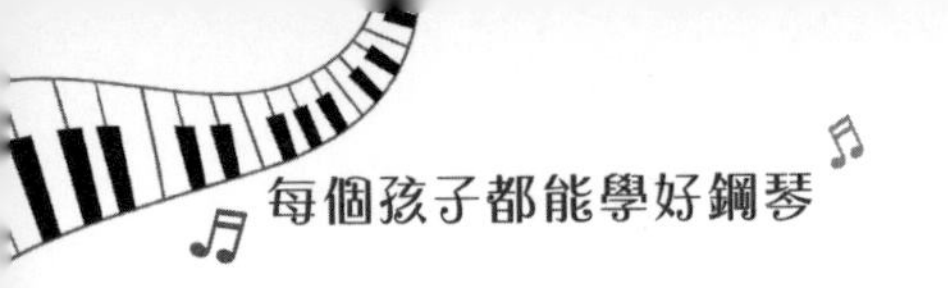

力，而且運氣也是一個很重要的因素。我知道家長都是望子成龍、望女成鳳，這很正常，但是想法一定要合理。

學習音樂，不當演奏家就白費了的思想有些狹隘。不當「家」還可以有別的選擇。

不是每個人都要成為鋼琴家，而是每個人都要成為他自己。

我有一個學生叫小 R，她從小跟着我學鋼琴，也獲了很多個國際大獎，後來被韓國的女團招走了。因為她鋼琴彈得特別好，節奏感強，而且身體各方面條件也很優秀。韓國女團來中國招生，從幾千個人裏面只招了一個，就是她。於是她就去韓國做練習生了。我們當時並沒有阻止她，沒有說：「你搞古典音樂的，為甚麼要去搞流行音樂？」因為每個孩子的個性差異很大，條件也不同。每個孩子都是唯一的，要看到他們的特長。

還有一個學生小 L，她從 3 歲起就跟着我學鋼琴，後來高中畢業就被德國特裏爾大學的音樂學院錄取了。在大學裏，她的各科專業也都是非常棒的，每年拿獎學金。畢業後，她被凱賓斯基酒店集團錄取，凱賓斯基酒店是很古老的豪華酒店。因為這家公司特別重視有藝術特長的孩子，他們需要員工用藝術的眼光來工作。這個孩子的專業是鋼琴，雖然最後做的事情跟鋼琴無關，卻也得益於鋼琴。現在這個孩子也是德國、中國兩地跑，很多大企業都請她去做音樂方面的整體設計和安排。這何嘗不是活出了另一種精彩？

還有一個學生 DN，她考上了英國的藝術學院，現在是一名建築設計師。她了解各個時期的音樂形式，然後就把她所理解的音樂元素與建築結合在一起，將她的設計當成交響樂，這樣設計出來的東西非常流暢與協調。她跟我説，有時候沒有靈感，她就去彈蕭邦的曲子、彈李斯特的曲子，彈一些難度很高的曲子作為一種放鬆方法。她的很多設計元素都來自她對音樂的一些感受和感悟。

其實學任何東西，並不是説一定當世界第一才是出路，世界第一只有一個。成為一名單純的鋼琴愛好者、音樂愛好者，為枯燥繁重的生活增加一劑鮮活的美、開一扇自由的窗，也未嘗不是一樁美事。

常爸：有個事情我很好奇，想來也會是很多家長感興趣的——你的孩子為甚麼沒有隨着你走鋼琴專業這方面的路呢？

高橋雅江：每個家長對孩子都是有期待的，但是每個家長對孩子的期待都不太一樣，外界可能會覺得我的孩子就應該在鋼琴方面很突出。其實我沒有刻意希望她們能延續我的事業，因為有太多這樣不是很成功的例子。由於父母的專業性太強，以至於孩子還在學的時候就會有一種無形的壓力，這個壓力源於父母的成就和外界的期待。孩子一方面會想要努力做出成績，突破父母的光環；另一方面又會有一種再怎麼學，也無法超過父母的感覺。

如果孩子在其他領域發展，在那些父母不懂的領域做出點成績的話，他就會覺得自己很厲害，也更有成就感。比如，我的兩個孩

子從小就溜冰，對於溜冰，我真是一竅不通，在冰上站都站不穩。但是孩子能跳冰上芭蕾舞，還獲得了亞洲冠軍。我覺得這就非常好，不一定非要讓她們學鋼琴。各走各的路，能在自己的領域發光發熱，不是比在我的光環籠罩下成長更好嗎？

◆鋼琴教學的獨家心得有哪些？

常爸：回首三十多年的鋼琴教學生涯，你培養出那麼多優秀的鋼琴學子，你在教學上有甚麼獨特的心得或者秘訣可以跟我們分享嗎？

高橋雅江：因為我個人對德奧、法國、波蘭、美國、俄羅斯等學派有深刻的研究，所以我結合了各國、各民族的藝術特色進行創新，致力於培養和激發每個孩子的藝術風格，儘量做到因材施教。

我要求學生的演奏像人聲演唱一樣優美，強調人聲與鍵盤的完美結合，鼓勵學生演奏時注重情感體驗。我還要求學生練習前先仔細讀譜，提前了解作品整體架構及細節的表達，在尊重原作曲家風格的基礎上，確立每一個音符的色彩，並融入演奏者的個人理解，展現豐富廣闊的內心世界，通過音樂表現個性。

在技術技巧方面，我會讓孩子去體會觸鍵的位置與音色的關係，比如手靠近琴鍵的根部，彈出的聲音會飄，音色會更優美；在琴鍵的外端觸鍵，聲音就會很響亮，音色比較高亢。在彈長拍子的時候必須追求音色的細微變化，秘訣在於手指一定要從琴鍵的一端滑向另外一端。

各關節肌肉大運動的訓練以及腰部力量的輸送也是我比較看重的，這樣可以對增強手指力度和速度起到一定作用。

我還有一個小絕招，就是「無聲」練習。練習時在一個正常的鋼琴鍵盤上或書桌上做無聲的彈奏。手指只在琴鍵表面活動，不真正地彈下去，不發出聲音。雖然沒有聲音，但所有的音樂都在腦海中出現，用內心去感受音樂情緒，做到「心中有旋律」卻不形於外。這種「無聲」練習是有意識的，是經過主觀控制的，經過這樣訓練的孩子避免了光彈不聽的問題，同時大大地提高了手指彈奏技巧和樂感。

當然，並不是光有過硬的基本功就可以演奏好作品了，想要演奏好作品，必須對作品框架進行分析，根據曲式結構、音樂材料採用相應的技術表現手法。理解了基本的曲式框架，然後對音樂素材進行劃分，了解作曲家創作的時代背景和創作心情，以及都採用了哪些地方的民族元素，通過這些分析，讓學生對作品的整體印像有一個把握。

具體來説，拿到一首新曲子，我會讓孩子先完成譜面上最基本

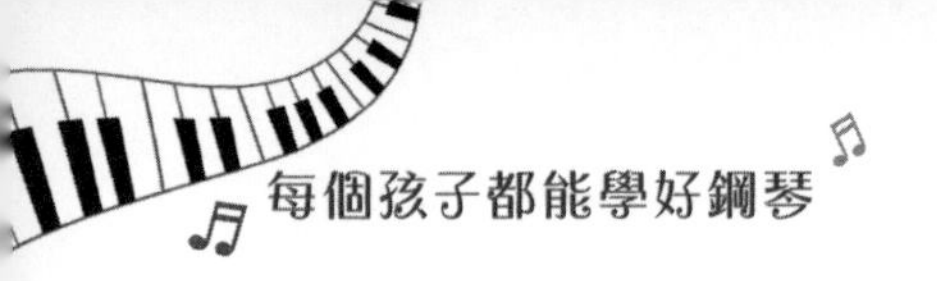

的內容，然後再從以下幾個部分入手。

一、分析曲式結構

鋼琴作品的篇幅、主旋律，採用哪種曲式，基本框架由哪幾大部分組成，一共包含幾個主題，是如何展開和再現的。

二、分析音樂材料及音樂表現手法

主旋律的特點是甚麼；採用了哪些節奏型，比如前十六節奏、三連音、切分節奏、附點節奏等；段落分別採用了 3 拍、4 拍還是 6 拍；左右手是如何交流的，重音在哪兒；主題從哪兒開始戲劇性、抒情性變奏，有沒有幻想特徵；採用了強節奏還是弱節奏。

三、探究作品的創作背景

彈奏作品之前先查閱相關音樂史書籍，了解作品時代背景以及特點，了解作曲家的生平、背景。必須抓住作曲家創作該作品時所在地區的民間藝術特徵，理解作曲家寫作時的心情，這些都特別重要，會隱藏在作品的旋律以及和聲中。

欣賞同時期的音樂作品，包括歌劇、弦樂、管樂等，開闊音樂視野，提高演奏技巧和音樂鑑賞能力，以便更好地表達音樂內涵。

多看同時期的繪畫藝術作品，藝術是相通的，通過觀賞美術作品，提高學生把握音樂風格的能力。

四、研究作品的體裁和旋律特徵

研究演奏曲目的體裁形式的特點，如是否具有交響性、英雄性、敘事性等，樂曲的旋律屬怎樣的歌唱性，有哪些特質，曲調流露出作曲家怎樣的心情和情感。

常爸：養育孩子的過程中，成長的不僅是孩子，還有家長自己。相信琴童家長們看到這些內容後，會對音樂教育有更多的思考和啟發。

高橋雅江：謝謝常爸，其實我一直有個願望，也是我一直在做的事情，就是推動有志於從事音樂專業的孩子們與世界各國的音樂家們共同交流，幫助他們建立通道，使更多孩子有機會走上國際舞台。

我也希望能和志同道合的人們一起努力，共同成長，把鋼琴教學中更多的不可能變為可能。祝願所有的大朋友和小朋友都能在音樂的世界裏獲得幸福感！

本章小結

- 扒歌是跟耳朵有直接關係的，耳朵的音準愈高，扒歌愈快。
- 那扒歌的步驟是甚麼呢？首先扒歌要先定調，要知道扒的歌是甚麼調的。接着確定曲式。最後確定和弦。
- 彈鋼琴不是像學騎自行車、游泳那樣，學會了就永遠都會了，而是需要不斷學習、鑽研的。長時間不練琴，手指就會不聽使喚，許多原本熟練的樂曲和技巧都會生疏甚至完全陌生。
- 如果是業餘的學生，學到高三畢業，考了大學或者大學畢業，就可以不跟着老師學了，但不是意味着他可以就此放下鋼琴，而是可以自己去鑽研，彈自己喜歡的音樂。
- 很多家長為了一步到位，把孩子送到音樂學院附小、附中，一路這樣念下來也是可以的，但是各有利弊。
- 關於甚麼年齡出國這個問題，我主張在香港唸完中學再出去。這個時候，孩子已經具有一定的自我約束性和獨立性，出去學習也會更有目的性。

- 不是每個人都要成為鋼琴家，而是每個人都要成為他自己。
- 成為一名單純的鋼琴愛好者、音樂愛好者，為枯燥繁重的生活增加一劑鮮活的美、開一扇自由的窗，也未嘗不是一樁美事。
- 拿到一首新曲子，我會讓孩子先完成譜面上最基本的內容，然後再從以下幾個部分入手。一、分析曲式結構。二、分析音樂材料及音樂表現手法。三、探究作品的創作背景。四、研究作品的體裁和旋律特徵。

附錄 1　各年齡段的鋼琴學習重點和所要達到的程度

每個孩子開始學琴的年齡不一樣，我們假設孩子從 4 歲開始學琴。

孩子 4 歲時要完成三個大調的手指訓練。這裏有一個共同規律，就是 C 大調、F 大調、G 大調中的一級、三級、五級都是白鍵，組成大三和弦。把這三個組合弦放在一起稱為第一組調，學會一個調，那其他的也就會了，這種教學法我們稱之為合並同類項。在四五歲時，就讓孩子把這三個調搞清楚，比如五指的位置、手指的獨立性等，逐步讓孩子對調性、音階、音程、和弦有具體的認識。

到了 5 歲左右，要讓孩子明白每個調的主和弦、下屬和弦跟屬七和弦的搭配。

到了 6 歲左右，孩子就得完成帶有升降號的調子了。舉個例子，D 大調的一級和弦是「2、#4、6」，中間是一個黑鍵，那我們就要開始合並同類項。在 24 個調裏面，E 大調的一級和弦是「3、#5、7」，也是中間有一個黑鍵。A 大調的一級和弦是「6、#1、3，還是中間有個黑鍵。把這三個調放在一起學，他學會一個調，三個調就都會了。這是一個科學的訓練法。

孩子 7 歲開始就要明白音與音之間，誰與誰在一起聽起來是舒服的。比如主音和主和弦在一起聽起來是舒服的。到了第二級，一定是屬七和弦在一起聽起來是舒服的。到了第四級，跟下屬和弦在一起聽起來是舒服的。讓孩子在各個教材中的曲子裏發現這些規律，然後教師再教給他一個概念，這樣實踐跟理論就結合一起了。還有一些基本的速度記號，比如 andante 是一個行板的速度；moderato 是中速；小奏鳴曲很多是 allegretto，是小快板。在 7 歲之前應該把簡單、基本的音樂術語都掌握。

到了 7 歲，就要開始訓練孩子的踏板技巧。我們一般是通過兩方面來訓練。一個是腳前掌的訓練；另外一個是我一直強調的「用耳朵」去踩踏板。比如直接踏板法、連音踏板法、切分踏板法、顫音踏板法的訓練等。

孩子七八歲了解到關係大小調以後，還得把小調的三種形式完全掌握：甚麼是自然小調、和聲小調、旋律小調？它們有甚麼規律？比如必須要了解 A 大調的關係小調是甚麼，C 大調的關係小調是甚麼，它們裏面所有的進行時、進行的狀態都是有固定的升降的音。

到了 9 歲，我們就要求孩子在彈奏曲子時，要寫樂理跟曲式分析了，也會涉及編曲、作曲方面的一些學習。我的很多學生都會作曲。要教學生分析和聲部分是如何進行的，它產生的主旋律是怎麼

樣的，主旋律跟和聲部分是如何對應的，作者為甚麼要這麼寫，是造成了緊張氣氛還是比較憂鬱的感覺，作者是怎樣表達的。這就是專業性的教學方法。

10~12 歲的學習重點就是鞏固基本功、加強技術性，有更豐富的音樂風格和樂感。這其中包含了兩個部分，一個是實體部分，一個是演繹部分。實體部分就是譜面上的所有東西，包括旋律、五線譜、樂理課講的表情記號都得掌握。

演繹部分分兩方面，一個是技術方面，包括腰腹力量的輸送，大臂的擺動，小臂、手腕、大關節的技巧，這些都需要不斷地完善；一個是表達方面，甚麼時期的作品有甚麼時期的風格，每個作曲家的性格不同，表達也是不一樣的，旋律上、技術上怎麼處理，情緒化的東西怎麼表達，調性的色彩怎麼突出，都要學習。

其實各個年齡段，確實是有不同的學習重點，但是，歸根結底就是三樣東西——專注力、審美、聆聽的能力。

附錄 2 適合孩子欣賞的音樂作品

下面給父母推薦一些孩子的幼小心靈能接受的，也是孩子喜歡的音樂作品：

1. 彼得・伊里奇・柴可夫斯基：《胡桃夾子》、《天鵝湖》、《四季》；
2. 夏爾・卡米爾・聖桑：《動物狂歡節》、《引子與回旋隨想曲》；
3. 謝爾蓋・謝爾蓋耶維奇・普羅高菲夫：《彼得與狼》、《灰姑娘》；
4. 愛德華・葛利格：《晨曲》、《培爾・金特組曲》、《挪威舞曲》、《祖母的小步舞曲》、《精靈之舞》、《蝴蝶》；
5. 尼古拉・安德烈耶維奇・林姆斯基・高沙可夫：《野蜂飛舞》、《天方夜譚》、《西班牙隨想曲》、《金雞》；
6. 勒萊・安德森：《調皮的節拍器》、《藍色探戈》、《號手的節日》；
7. 佐治・比才：《卡門》；
8. 阿希爾・克洛德・德彪西：《小黑人》；
9. 小約翰・施特勞斯：《藍色多瑙河》、《維也納森林的故事》、《春之聲》；

10. 老約翰·巴普蒂斯特·施特勞斯：《拉德斯基進行曲》；
11. 路德維希·范·貝多芬：《給愛麗絲》、《田園》、《悲愴》、《月光》、《暴風雨》、《黎明》、《熱情》、《皇帝》、《歡樂頌》，小提琴奏鳴曲《春天》；
12. 喬治·弗里德里希·亨德爾：《快樂的鐵匠》、《水上音樂組曲》；
13. 約翰尼斯·布拉姆斯：《匈牙利舞曲》、《搖籃曲》、《致夜鶯》、《D 大調小提琴協奏曲》；
14. 安東尼奧·韋華第：小提琴協奏曲《四季》；
15. 羅伯特·舒曼：《蝴蝶》、《維也納狂歡節》、《兒童鋼琴曲集（少年曲集）Op.68》、《童年情景 Op.15》；
16. 法蘭茲·舒伯特：《流浪者幻想曲》、《音樂瞬間》、《野玫瑰》，鋼琴五重奏《鱒魚》。

附錄 3 適合孩子欣賞的音樂類劇作

《美女與野獸》
《小美人魚》
《冰雪奇緣》
《灰姑娘》
《仙樂飄飄處處聞》
《小飛俠》
《安妮：紐約奇緣》
《放牛班的春天》
《鋼琴小神童》
《獅子王》
《歌舞青春》
《女巫前傳》
《綠野仙踪》
《海洋奇緣》
《小魔女瑪蒂爾達》
《報童傳奇》
《素敵小魔女》
《阿拉丁》
《貓》
《長腿叔叔》

附錄 4 鋼琴調律及保養須知

因為鋼琴在使用的時候處於敲擊的運動狀態，琴弦所受的外力愈大，聲音的變化就會愈明顯。所以鋼琴和許多樂器一樣，需要定期調律，以維持其準確的音調和優美的音色，延長其使用壽命。

如果沒有鋼琴調律方面的專業知識，千萬不要嘗試自己去調鋼琴，一定要找專業的鋼琴調音師。一般的琴行都有專業的鋼琴調音人員，也提供這項服務。如果一時找不到專業鋼琴調音師，那寧願讓琴暫時休息一下，也不要隨便找不靠譜的人來調。

專業的調音師在給鋼琴調音時不僅僅是把音調準，還會對鋼琴的零件進行檢查、維修。鋼琴如果長時間沒有調迫，不僅音準會發生變化，鋼琴零件也會出現問題。

那麼鋼琴調音應該是多久一次呢？這其實和鋼琴的使用環境、彈奏頻率有很大關係，我有幾點建議。

第一，新琴買回家後 2~4 周之內應該調一次。不要剛買回家就調，因為鋼琴需要適應家裏的環境，所以在兩周以後再調。一般正規琴行都會安排調律師上門。

第二，第一年內最好是每半年調一次。也就是新琴買回家後 2~4 周內調完琴，6 個月之後再調一次，12 個月後再調一次。新琴走音較快，所以半年調一次能保證聲音的準確性。

第三，從第二年開始，每年調一次就可以了。如果鋼琴存放環境較差，或者彈奏很頻繁，則半年調一次。

鋼琴是一種比較貴重的樂器，為了保證它的使用壽命和音質狀態，除了要定期請調律師進行保養，孩子也應該力所能及地做一些日常的鋼琴保養、清潔工作。

鋼琴的日常保養、清潔工作大致有如下幾個方面。

一、鋼琴的存放環境

第一，要控制濕度。

因為鋼琴大部分為木質，都經過乾燥處理增加其穩定性。鋼琴長期放在濕度大的地方會造成木質受潮、變形，金屬件生銹，琴弦生銹，甚至琴弦斷裂。而且受潮後，各部分膠黏會失效。因此鋼琴擺放要遠離暖氣片、洗手間、廚房、洗手盆、浴缸等地方。

第二，控制溫度和控制濕度同樣重要。

因為鋼琴木質部分的木材中含水量是相對固定的，木質在含水量大時會變形，含水量少時會變脆。溫度對木材含水量有很大影響，溫度變化大的話，鋼琴很容易發生「走音」現像，零件之間的磨合也會出問題，出現琴鍵不靈敏等現像。

第三，避免陽光直射。

鋼琴表面有鋼琴漆，陽光直射會造成鋼琴漆的不可逆變色，嚴重的話還會造成開裂。所以，儘量別把鋼琴放在太陽能直射的地方。

第四，遠離灰塵。

鋼琴中弦槌、倍弱音氈和所有消音部件都是羊毛製品，受潮和塵埃會讓羊毛變形和遭蟲蛀。因此不彈琴的時候，最好用布或者天鵝絨簾子將鋼琴蓋好，擋住灰塵。

二、鋼琴的清潔

鋼琴的表面有一層塗層，也就是我們俗稱的鋼琴漆。其作用是隔絕空氣、水分、日光、腐蝕性酸碱物，保護鋼琴部件，同時也具有裝飾作用。擦拭是日常生活中較為常用的漆面保護措施。

千萬不能用過濕的毛巾直接擦洗鋼琴的任何部分，尤其是鍵盤，水一旦流進鍵盤，就會對鋼琴鍵盤產生致命性傷害；也不能使用普通家用拋光劑或其他化學清潔劑擦洗鋼琴，這也會對鋼琴產生傷害。

正確的做法是，先用軟毛刷或毛撣輕輕地將鋼琴表面的浮塵掃去，這樣可以防止擦拭的時候大粒的灰塵將漆面劃傷，然後再用微濕且不出水的軟棉布擦拭鋼琴，也可以使用專門的鋼琴清潔劑。

三、鋼琴的搬運

在家裏不要輕易移動鋼琴，要儘量保持鋼琴穩定。如果一定要移動，至少需要兩個人輕輕地、慢慢地推動鋼琴。在鋼琴移動到新位置兩周後，應該調音一次。

如果要把鋼琴從一個地方搬運到另一個地方，一定要請專業的搬琴師傅，不能找普通搬家公司。鋼琴下方的金屬輪子只能用於室內小範圍移動，不適用於遠距離搬運。三角鋼琴搬運時是需要拆卸琴腿的，這也要專業的師傅來完成。

每個孩子……都能學好鋼琴

作者

（日）高橋雅江　常青藤爸爸

責任編輯

周宛媚

封面設計

馮景蕊

排版

劉葉青

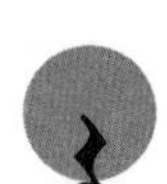

出版者

萬里機構出版有限公司

香港北角英皇道499號北角工業大廈20樓

電話：2564 7511

傳真：2565 5539

電郵：info@wanlibk.com

網址：http://www.wanlibk.com

http://www.facebook.com/wanlibk

發行者

香港聯合書刊物流有限公司

香港新界大埔汀麗路36號

中華商務印刷大廈3字樓

電話：（852）2150 2100

傳真：（852）2407 3062

電郵：info@suplogistics.com.hk

承印者

中華商務彩色印刷有限公司

香港新界大埔汀麗路36號

出版日期

二零二零年一月第一次印刷

Published in Hong Kong.

ISBN 978-962-14-7168-0